人文情報学概論

― 情報化時代の人間社会を考える ―

JN220009

巻 頭 言

　本書は、大谷大学文学部人文情報学科の科目である「人文情報学概論」の講義内容を中心とした構成で編まれたものである。本書の執筆は、2014 〜 2017年度の期間に、大谷大学人文情報学科に在籍した教員有志で分担した。

　大谷大学文学部人文情報学科は、本書第 17 節にも示したように、2000 年度に開設された。文字通り人文学と情報学の橋渡しとなるような学問分野への取組みを目指したものであったが、その当時は情報学は主に理系学部において扱われ、特に情報機器やシステム構築の開発や性能向上等に主眼がおかれていた時代であった。

　そうした時勢の中にあって、わが大谷大学の人文情報学科では情報に接し利用する人の立場から、情報のあり方について考究することを目指したものであり、そうした点において設置当初は画期的かつ野心的な学科であったとも言えよう。それはまさしく、人間に関する諸問題を大切に研究する志向を持つ大谷大学であるからこそ可能であったのかもしれない。

　この後、多くの大学で類似した内容を扱う学科が次々と設置されていったが、近年では「文化情報学」・「社会情報学」・「情報文化学」等の名称も使用されるようになってきており、結果的には現時点において「人文情報学」という名称自体を学科名称に冠している事例は本学のみとなっている。

　なお、今般の本学の学科改組方針により、我が人文情報学科は発展的改組を行うことが既に決定している。これまでもそうであったのだが、人間社会と情報学とのつながりや、人と情報のあり方についての諸問題を扱ってしてきた人文情報学科は、今後は社会学的な視点をも加味しつつ、改めて人間社会と情報との関係やあり方について探究を継続していくこととなろう。

　ただし、こうした節目の時期であるからこそ、人文情報学科が過去 20 年近くの間培ってきた教育研究の成果についてまとめておくことは極めて意義のあることと確信する。いつの時代においても、人間は情報を行動判断のために必要とし、そしてその情報とは人により形成されていくものであって、それらのあり方や関わり方については今後も社会的に大きな課題であることに大きな変わりはない。

　今後とも本書の内容が、人と情報について学ぶ初学者たちの道しるべとしてささやかながら役立ち続けることを祈念する次第でもある。

2019 年正月　　編者　識す

目 次

第1章　人文情報学への招待

1節　人文情報学とは

1　はじめに

　ここでは、本書の主題である人文情報学について、人文情報学とはどのような学問分野で、どのように成立したのか、何を目的とするのか、といった点について述べる。

2　人文情報学という概念

①　**人文科学とは**　学問は、その扱う範囲によって、人文科学(人文学)・自然科学・社会科学の3つの分野に大きく分類される。人間の理解を目的とし、人間の所産・本性をその対象とするのが人文科学、自然の理解を目的とし、自然現象やその法則性を対象とするのが自然科学、人間の集団である社会の理解を目的とし、社会の成り立ちやしくみを対象とするのが社会科学である。

　人文科学の具体的な分野としては、文学、歴史学、哲学、宗教学、言語学などがあげられる。

②　**情報学とは**　情報を扱う学問である情報学が学問領域として成立した背景としては、20世紀に入り、コンピュータという、情報を処理する装置が開発され、普及したという事実がある。

　アメリカのホレリス(Herman Hollerith 1860-1929)はパンチカード集計機を開発し、大量のデータを処理するという、それまでは困難だった作業を可能にした。

　このことは、ビジネス分野での大量データの活用への道をひらいたのみならず、データ処理の手法に関する研究という新しい学問領域にもつな

図1　ホレリスのパンチカード集計機
（Computer History Museum 蔵 ）

がった。

　第 2 次大戦期には電子回路を用いた「電子計算機」が各国で開発されたが、その背景となったアメリカのシャノン (Claude Elwood Shannon 1916 – 2001) やイギリスのチューリング (Alan Mathison Turing 1912 – 1954) の研究は、「情報とは何か」「計算とは何か」といった問題を扱っている。そして、情報の概念が定量的に表され、また、情報処理は一般に「計算」として扱うことができるということが明確になった。これにより、コンピュータは算術的な意味での計算のみならず、情報処理のために幅広く用いられ、そのためのさまざまな手法や知見が集積された。

③　**人文科学と情報学**　コンピュータが算術計算にとどまらず、さまざまな情報処理に用いられるようになると、既存の学問分野でのコンピュータの利用に関する学問領域が生まれた。当然、人文科学においてもコンピュータの利用は進み、その結果として生まれたのが人文情報学という分野である。

3　人文情報学の背景

①　**コンピュータの特質**　コンピュータは「計算」を「自動的に」処理する装置ということができる。そして、ここでいう計算は、いわゆる算術的な計算だけにとどまらず、数値化されたデータに対する操作全般を含む。したがって、コンピュータは、数値化された情報であれば、それに対する自動処理が可能である。

　これこそが、コンピュータが広く普及した理由である。コンピュータの登場前は、データ処理は人手で行うほかなく、大量のデータを処理しようとすれば、そのために大量の人員を用意するか、大量の時間を消費しなければならなかった。それが、コンピュータの利用により、大量の調査結果や文献などを用いた集計処理などが容易になり、そういった手法に基づく研究が可能となった。

②　**マルチメディアデータの扱い**　1970 年代頃まで、コンピュータで扱える情報形式は、数値情報と文字情報にほぼ限定されていた。その後コンピュータ自体の小型化・高速化に加え、センサ技術の進歩やメモリの高密度化などを背景に、画像や音声などを含むマルチメディアデータの扱いが進んだ (**表 1**)。従来、画像・音声といった形で表された情報は、その扱いに困難さがともなっていたが、マルチメディア技術の普及により、そういった情報の扱いは一気

年	できごと
1982	コンパクトディスク(CD)発売開始。デジタル音声普及のはじまり。
1995	デジタルカメラ QV-10(カシオ)発売。デジタルカメラによる画像撮影普及のはじまり。
1996	DVD-Video製品発売開始。デジタル動画普及のはじまり。
1998	デジタルオーディオプレーヤーmpman(サムスン)発売。現在の形のオーディオプレーヤーのはじまり。
2000	カメラ付き携帯電話J-SH04(シャープ)発売。翌2001年に画像送受信サービス「写メール」(J-PHONE)開始。
2003	音楽配信サービスiTunes(Apple)開始。
2005	動画共有サービスYouTube開始

表1 マルチメディア技術に関する年表【酒井作成】

に容易になった。

③ **高度情報化社会**　また、コンピュータ同士を結びつけるネットワークの普及は、コミュニケーションデバイスとしてのコンピュータの可能性を切り拓いた。ソーシャルネットワークをはじめとする、従来とは異なるコミュニケーション手段の普及は、社会のあり方や人々の暮らしに大きな影響を与えている。また、WWWなどの普及で、著作物の発表は極めて低コストになり、表現形式も多様化している。

このような高度情報化社会の到来は、我々に便利さをもたらした一方、それまでの社会にはなかった新たな問題を生み出してもおり、そういった問題への対処も必要となっている。

4　人文情報学のアプローチ

① **人文情報学の2つのアプローチ**　コンピュータを中心とした情報技術と人文科学との関わり方には2種類の方向性がある。ひとつは、人文科学に情報技術を持ち込むことによって生まれる、新しい手法や問題の切り口である。もうひとつは逆に、コンピュータの普及とともに出現した高度情報化社会におけるさまざまな現象に対して、既存の人文科学の手法をベースとして取り組むというアプローチである。

② 人文科学への情報技術の適用

　前述の通り、コンピュータによって大量データやマルチメディアデータといった、かつては扱うのが困難であった情報を容易に取り扱えるようになった。人文科学に情報技術を持ち込むことによって、新たな手法を活用するというのが、人文情報学のねらいのひとつである。歴史学、仏教学など、人文科学のさまざまな分野において情報技術の活用が成果をあげている。これらの活用事例についての詳細は、後の節で扱う。

③ 高度情報化社会への人文科学のアプローチ

　コンピュータ・ネットワークの普及に伴う高度情報化社会の到来は、我々の暮らしに大きな変化をもたらした。その変化は、利便性だけでなく、新たな問題も多く生み出している。

　社会のあり方は変わっても、社会を構成する人間そのものの本性までが変わったわけではない。そこで、現代の高度情報化社会における諸問題に対しては、人文科学の手法や蓄積に基づく人間理解が欠かせない。こうして、人文科学の知見をもとに、情報技術への理解を取り入れ、高度情報化社会における現象を分析するというのが、人文情報学の第 2 のアプローチである。

5　人文情報学のめざすもの

① 情報分野における理工学の先行

　コンピュータは、もともと複雑な算術計算を行うための「電子計算機」として開発された。また、コンピュータを作ることに関しては、電気工学・電子工学といった、その当時の最先端の工学技術が投入された。その結果、情報技術や情報学の分野では、理工学（自然科学）系の立場からのアプローチが圧倒的に多い状態が続いた。

　ビジネス分野を中心とする社会全体へのコンピュータの普及とともに、人文科学でのコンピュータの利用が始まり、これを背景として人文情報学的なアプローチが始まったというのが、現在の状況である。

② 基盤づくりの必要性　これまでも述べたように、コンピュータは数値化された情報の自動処理に関しては無類の力を発揮する。しかし、その力を発揮するには、扱おうとする対象を適切にデータ化できる必要がある。

　たとえば、文献情報をコンピュータで扱うには、その文献の内容を文字コードにしたがって数値化しなければならず、そのためには文字コードの体系が

整備されていなければならない。特に、日本を含む東アジア圏の文化を扱う場合、漢字を表すという問題がある。

　文字情報は、人文科学においてもっとも基礎的な部分であり、文字コードに関しては、Unicode などの形で、完全ではないにせよ、ある程度の基盤ができつつある。しかし、人文科学全体について考えると、こういった基盤づくりが進んでいない部分も少なくない。人間理解という人文科学の目標以前の問題として、まずは情報を扱うためのこのような基盤を作ることは、人文情報学の使命のひとつである。

③ 誰のため、何のための技術か

　さきほど述べたように、情報技術・情報学の分野では、自然科学側からのアプローチが圧倒的に先行し、人文科学側からのアプローチはまだ始まったばかりである。

　その結果、現在運用されている規格やシステムの設計の多くは、作成する立場での技術的な要求に基づいている部分が非常に多い。そのため、そういった技術面に詳しくないユーザがコンピュータ・システムを使おうとする場合、しばしば理解に困難が発生する。いかにコンピュータが強力であっても、ユーザがその恩恵を受けられないのでは意味がない。

　このような問題に対処するには、2つの手段が考えられる。ひとつは、ユーザにより近い立場から、規格やシステム設計に対して発言する人物を用意することである。

　そして、もうひとつは、既存のシステムに関して、それを利用するための知識をユーザに説明できる、あるいは、ユーザにとって利用しやすくするための補助手段を提供できる人物を用意することである。この両方の手段について、そういった立場の人物をいかにして育成し、どのような発言をするようにするかを考えるのも、人文情報学の大きな目標である。

④ 人文科学と自然科学の融合をめざして

　人類はこれまで、さまざまな工学的な技術を生み出してきた。そのほとんどは、人間の肉体的な労働を肩代わりするものだった。それらは当然、社会にさまざまな影響を与えたが、それぞれの技術が利用される範囲はある程度限られており、社会的影響もその範囲にとどまることが多かった。

　コンピュータを中心とする情報技術は、人間の知的活動の部分を肩代わりするものである。それゆえに、情報技術は人類の活動のほぼすべてといって

いいほど、幅広い分野にわたって影響を与えている。

　これこそが、「人文情報学」が求められる理由である。さまざまな分野で情報技術が活用される場合と同じく、人文科学においても情報技術の活用は大きな利便性をもたらす。そして、それまでは困難だった新しい問題へのアプローチが可能になるとともに、そういった新しい問題に取り組むための枠組みの設計も必要となる。

　また、情報技術が人間のほぼあらゆる活動に影響を与える以上、そのさまざまな活動において発生する現象に対して、人文科学の立場から問題を扱い、解決することが必要とされる。

　人文情報学のアプローチは、さらに広く、人文科学と自然科学 (あるいは、「文系」と「理系」) との結びつきを生み出すことが期待される。情報を橋渡し役として介することによって、人文科学の側には数値的な手法を取り入れ、自然科学の側には人間の視点という見方を取り入れる。こうして、人文科学と自然科学の融合を図るのは、人文情報学の大きな目標である。

6　まとめ

　人文情報学という名称は、人間理解を主目的とする人文科学と、コンピュータとともに生まれ、発展した情報学とを合わせたものである。そして、人文情報学のアプローチには、人文科学から情報学へのアプローチと、情報学から人文科学へのアプローチという 2 つの方向性がある。

　前者のアプローチは、コンピュータの強力なデータ処理の能力を人文科学に取り入れることで、人文科学の新たな可能性をひらくものであり、後者のアプローチは、現在の高度情報化社会のさまざまな問題や現象を、人文科学の手法で扱うというものである。

人　文情報学の挑戦は始まったばかりで、その基盤づくりも大きな課題として残っているが、人間のため、という視点から技術を取り上げ、人文科学と自然科学の橋渡しをするという目標に向かっている。　　　　　　　（酒井 恵光）

【参考文献】
キャンベル‐ケリーM. , アスプレイW. コンピューター 200 年史 −情報マシーン開発物語−. 訳 山本菊男 . 海文堂 , 1999.
　甘利俊一 . 情報理論 . ちくま学芸文庫 , 2011.
　小野厚夫 . "情報という言葉を尋ねて ." 情報処理 46.6 [2005]: 612–616.
　　同　"情報という言葉を尋ねて (1)." 情報処理 46.4 [2005]: 347–351.
　　同　"情報という言葉を尋ねて (2)." 情報処理 46.5 [2005]: 475–479.

2節 人と情報 −日本における「情報」の誕生−

1. はじめに

　読者の皆さんには、まずは毎日の自身の生活スタイルを振り返って考えてみてほしい。

　恐らく、すべての現代人は普段の生活の中で、いろいろな情報を得て、その度にそれらを分析判断して、そして自己の意思決定の参考にすることに利用しているのではないだろうか。たとえば朝、目が覚めた時に時計を見る、あるいは外の天気を見るといった行動は、その日の最初の情報取得の行動であり、そこから得た情報をもとにそれから先の行動予定や方針を立てていることだろう。

　また、その日の目的地へと出かけようとしたとして、もしも乗る予定であった電車が、仮に何かの障害等の発生により利用できなくなった場合があったとしよう。そうすると、またその段階で様々な情報を収集しつつ、それを回避する方策を検討したり、あるいはその時の目的自体を取りやめるか、それとも変更してでも行くのか、などの判断をするだろう。その意思決定をした後に、必要に応じて具体的な行動を取るはずである。このように、多くの選択肢の中から多様かつ複雑な判断をその都度行い、意思決定をしていくことになると思われる。

　このように考えると、現代社会に生きる私たちにとって、情報を得られない環境におかれるということは、日々の生活上での意思決定をするための参考材料を得られない状況に陥るということになる。つまりそれは、生活や仕事に支障をきたす事態を意味していよう。

　いったい、情報に頼る生活を送る私たちは、どのように情報を受け止め、接していく必要があるのだろうか。本項では、人と情報との関係について、掘り下げて考えてみることにする。

2. 日本の近代化と「情報」の誕生

　今日の社会に生きる私たちは、「情報」という言葉を聞かずに過ごす日は恐らく皆無であろう。しかし、そもそもこの「情報」という言葉は、そもそ

も日本において古来より使われてきた言葉ではない。その語源と由来を調べると、興味深いことがわかってくる。

　今から150年近く前のこと、日本は江戸幕府が崩壊し明治新政府という新しい政治体制が成立した際には、好む好まざるにかかわらず、海外の諸国と交渉していく必要に迫られた。江戸幕府が成立した1603年から1850年代までの間、日本は鎖国状態にあり、わずかにオランダ・清国・朝鮮とは通交があった。この約250年の間に、日本をとりまく国際情勢は激変していた。

　1853年にペリーが蒸気船で日本に来航し開国を強要したころには、その圧倒的な技術力・機械力には格段の差が生じていた。折しもその少し前に、隣国の清国は1842年にイギリスと戦争をしたが敗北してしまった。その結果、領土の一部を植民地として接収されたり、多くの国民が被害を受けるなどの国難に陥った。17世紀後半には東アジア随一の国力を持っていた巨大な帝国が、100年余を経た後に、遠路海を渡ってきた近代的な装備を整えた少数精鋭の軍隊にあっさりと打ち負かされた。この時、日本人はそうした圧倒的な欧米の国力と技術力を近くで目の当たりにして危機感を募らせ、その後のいろいろな政治経過を経て幕府政治を終わらせた。そして、明治新政府が成立したのである。

　この新政府にとっての最大の課題とは、当然にして清国のようにならないように、日本の国力と軍事力を強化させることであった。そのためには、最大の脅威でもあった欧米の技術力を真っ先に学ぶべき必要に迫られたのである。さらに、それらのみならず、それらを生み出し成立させている土台ともいうべき存在である政治制度や軍事組織・社会規範・法律なども学ぶべき対象とされ、ひいてはそれらを思想的に支えている概念や哲学までもがその対象に加えられていく。

　こうして明治時代の日本では、それまでの習俗をかなぐり捨てたすさまじい欧米化政策が始まったが、次の段階では日本人は欧米から学んだ概念や用語を日本語に翻訳し、取り入れていく作業が必要になった。その際に、日本人は使い慣れた漢字を駆使して、それまでにない言葉を創り出すという大変手間のかかる作業を敢えて行った。それは、さらにその約50年後に第2次大戦で敗れて以降、現在に至るまでの日本において、外国語の発音をカタカナで表記し外来語として安易に取り込んでいるという状況とは、全く異なっていることに注意しなければならない。

図1（左）の辞書項目（1912（明治45）年『大辞典』）:

じやうーはう（城堡）しろトミリ。
でト
じやうーはう（情報）事情ノ報告。スガタカタチ。
じやうーばう（狀貌）『ヤト同ジ語。＝セツイン。

図2（右）の辞書項目（2015（平成27）年度版『広辞苑』第六版）:

じょう‐ほう【情報】(information) ①あることがらについてのしらせ。「極秘━」②判断を下したり行動を起こしたりするために必要な、種々の媒体を介しての知識。「━が不足している」━かがく【情報科学】情報の性質・構造・論理を生成・伝達・変換・認識・利用などの観点から探求し、また、コンピューターなどの情報機械の理論・応用を研究する学問。━か‐しゃかい【情報化社会】コンピューターや通信技術の発達により、情報が物質やエネルギーと同等以上の資源とみなされ、その価値を中心として機能・発展する社会。情報社会。━かでん【情報家電】①家庭用電気器具のうち情報を扱うもの。ファクシミリ・電話・パーソナル・コンピューターなど。②ネットワーク家電に同じ。━きかん【情報機関】各種情報の調査・収集・分析や宣伝・統制などに当たる政府機関。アメリカのCIAなど。━ぎじゅつ【情報技術】(information technology) コンピューターや通信など情報を扱う工学およびその社会的応用に関する技術の総称。IT。━きょく【情報局】一九四〇年（昭和一五）に内閣情報部を拡充して設置した内閣直属機関。四五年末廃止。━きろく‐し【情報記録紙】コピー紙・感熱紙・インクジェット・プリンター用紙など情報の伝達や記録に用いる紙。━げん【情報源】情報の出所。ニュース‐ソース。━けんさく【情報検索】(information retrieval) 大量のデータあるいは分析結果を必要に応じて取り出すこと。

図1（左）1912（明治45）年の『大辞典』（山田美妙編・嵩山堂刊行）採録の「情報」の説明
図2（右）2015（平成27）年度版『広辞苑』（第六版・岩波書店刊行）採録の「情報」の説明

　そして、本項で取り扱う「情報」という語も、実は明治時代に欧米の制度・概念が採用されていく過程で作られた翻訳語のひとつであったのである。

3．明治時代から昭和前半の日本の発展と「情報」の意味

　ついに日本において「情報」という語が出現したわけであるが、ここで注意したいのは、現在私たちが何気なく使っている意味での「情報」と、少し意味合いが異なっている点である。その背景には、この時期に日本が直面していた国際情勢が当然にしてある。すなわち、この時に誕生した「情報」という語はまさに軍事用語としての「敵情の報知」の意味であり、つまりは諜報と同じ意味で使われている。英語でいえば、まさしく intelligence の翻訳語として作られた語であった。

　そもそも「敵情」とは、事実上日本を取り巻く諸外国の情勢を指しており、彼らから攻撃・占領などされることがないように、日本から人を派遣して諸外国の情勢を調査・視察に行かせ、その結果として報告されてきた内容を、まさに「情報」と呼んだわけである。

　こうして、翻訳語として使われ始めた「情報」であったが、その後は次第に民間にも広まり、一般化した語となっていく。明治末年頃から大正時代にかけての辞書には、「情報」の語が採録されるようになり、「やうす（様子）のしらせ」とか、「事情の報告」などの説明が付されている（図1）[1]。

この頃、日本は清国やロシアなどとの戦争を経験した。結果は、決して完勝という状況とはいえないが敗北はしなかったため、幸いにもしばらくの間は他国によって国土を蹂躙されることから免れることができた。しかし、そのことに油断と増長をした結果、その後は逆に国土防衛のためと称して周辺国に進出してゆき、最終的にはそれが原因となって、第2次大戦では敗北した。1945年のことである。

以上のように観ると、明治維新を契機に精力的に欧米の制度を採用したことは、結果的に日本の近代化を推し進める大きな原動力となった。その際に「情報」という翻訳語は誕生し、そして次第に重要な概念・用語として一般社会にも定着した。この背景には、新聞の創刊やラジオ放送の開始など、マスメディアの萌芽があり、社会的にも受容されていったことがある点も忘れてはならないであろう [2]。

4．戦後の日本社会における「情報」の意味

さて、第2次大戦以降の日本社会では、かつての戦争相手国であるアメリカの支援と強い影響下におかれて経済の復興を行うこととなった。その過程で、アメリカ的な価値観や文化が大きく採用される結果ともなった。そうした環境下では更なる社会の発展があり、通信機器などの進歩などにも支えられて、遠隔地間での意思疎通や時事ニュースの配信などが可能になった。そうした事態は、またさらに社会の発展を促したであろう。

経済的にも高度成長が続き、市民は次第に物質的にも充実した生活を送れるようになってきた。そして、生活の質の向上ということが強く意識された結果、日常の時間を無駄なく有意義にすることが、仕事やプライベートでも求めるようになった。そのような価値観が浸透していくと、人々が生活を充実させるための様々な分野における多種多様な告知（知らせ）が必要とされるようになった。

こうした告知（知らせ）とは、英語でいえば information ともいうべき「情報」であると言えよう。たとえば、どこの駅に行くと、どこに行く列車があり、それが何時に出発して何時に目的地に着くのか、またその列車が予定通りに運行しているのかどうかとか、あるいは、明日の天気はどのようになるのかといった「情報」が、人々の生活の中でそれなりの価値を持つようになった。そしてこれらを事前に得ておくことによって、仕事や生活の上で手間の回避や無駄な時間の省略、そして各種の障害への対処・備えをしておくこと

が可能となり、やがてそうした行動が大切であるとする価値観・考え方が主流を占めるようになってきた。

　こうした人々の生活の質的変化に伴い必要とされた告知（知らせ）の類、つまり「information としての情報」が、折から発達した通信技術や開発された通信手段などにも支えられて、瞬時にして多くの人々に伝えられることが可能となってゆき、さらにその質的な向上も日進月歩で進んでいく。もちろん、こうした傾向は第2次大戦後の日本だけではなく、欧米などの先進国においても、多少の差はあっても同時並行的に進捗していくのである。

5．人と「情報」

　改めて「information としての情報」の性質について考え直してみると、主にデータが大半を占める客観性の高いものと言えるだろう。たとえば、天気予報で伝えられる予想最高気温とは、予測とはいえ観測データに裏打ちされた精度の高いものであり、それらを扱う人によって、その内容・評価までもが変わってくるということはほとんどないであろう。客観的な外形的事実を個人的な見解をあまり含まない形で伝えていくという性質のものである。

　これに対して、「intelligence としての情報」とは、人が見聞したことをまとめた内容ということになっている。つまり、人によって形成される内容であるので、それを形成した人の主観や立場・思想などが色濃く反映されたものとなるはずである。となると、たとえば同じ対象を調査・視察したことについて別の人が形成したとしたら、違った内容になることもあっただろう。したがって、そうした性質の内容であるという点を、受け止める側も当然にしてそうした性質を理解した上で、その内容を理解し受け止めなければならないことになる。

　このように整理していくと、既に気付いている読者も多いことだろう。すなわち、現代に生きる私たちが日常生活においてよく接する「情報」は、いわゆる「information としての情報」がほとんどである。これらは、現代社会にはまさに氾濫しており、我々はこれらの中からどれを選択するかという点が重要となってきている。情報が多すぎるために、かえって意思決定ができない、あるいはそれを誤るというような事態すら起きている。

　しかも、現代は社会の分化が進み、様々な専門的領域が生まれていて、それぞれの領域の中での知識・経験の蓄積も深くなってきている。そのような

世の中で、私たちは生活をしているだけでも、全く知らない領域に関する事案と遭遇することがあるだろう。そのためには、自分がそれに関しての「判断基準」や「見識」を持っていなければならないのだが、現実的に一人の人間がそれを兼ね備えることは物理的には不可能である。

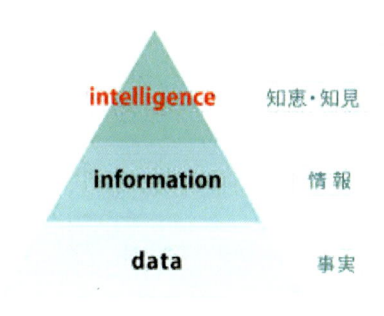

図3　暉道敬による「情報」の意味
【註3）暉道敬文献より引用】

　となると、私たちは未知なる事案に接した際には、それを解決するためにはそれらを熟知・経験している人の意見を参考にすることになるだろう。それらは、その人の経験や思想等に基づいて形成された意見であり、まさに前節で述べた「intelligence としての情報」であって、経験や想定なども組み合わせつつ、総合的に解決を図ることができる能力＝「知性」ということにもなるのではないか。

6．小結

　日本語における「情報」ということばの語源をたどり、その使用状況などについて概観してみると、改めて現代の日本人の多くは、この「情報」という語の起源にあるふたつの意味や概念について、あまりよく理解をしないままに普段から漫然と使用しているように感じられてならない。

　ふたつの意味や概念が、たまたま同じひとつの語に翻訳されてしまい、きちんと整理・理解されないまま使用されていることは、まさしく現代の日本社会を生きる我々にとっては、実は憂慮すべきことなのかもしれない。何気なく使われている「情報」という言葉にどのような意味を見出すことができるのか、人文情報学を学ぶ読者の皆さんは、あらためて深く考察していく必要があるだろう。　　　　　　　　　　　　　　　　　　　（武田　和哉）

【註】
1）　参考文献に挙げた小野厚夫の論文による。なお、小野によれば、明治時代前半のころには、「状報」という語もあわせて使用されていたようであるが、後には次第に「情報」に次第に統一されていくという。
2）　前掲註1　小野論文　参照。
3）　暉道敬「マーケティング・インテリジェンス」広告朝日サイト記事（2009年7月28日付　URL　https://adv.asahi.com/keyword/11053444.html　2016年11月閲覧）

【参考文献】
小野厚夫「情報という言葉を尋ねて（1）〜（3）」『情報処理』46-4〜6　2005
江畑謙介『情報と国家』〔講談社現代新書1739〕講談社　2004

第2章　人と情報について

3節　人間の情報

1．現代社会の情報

　ICT が発達した現在では様々な場面で情報技術が用いられている。しかし、情報とはなんであろうか。おそらく多くの人が想定する情報とはコンピュータを利用したものと考えるのではないだろうか。例えば、Facebookや Twitter のような SNS で扱われるものや、Web サイト上に掲載されているものである。

　こうしたツールは便利なものであるが、便利であるだけでなく様々な問題を引き起こしている。特に、SNS などのツールを使ったコミュニケーションにおいて、意思疎通が十分でなかったり、伝えるべき他者を意図しないために、炎上（Flaming）と呼ばれる現象が起きている。また、情報が十分に伝わっていないがためにやり取りする相手との関係性に悩むことでスマートフォンやインターネットを手放せなくなるような中毒症などの問題もある。

　これらの問題を情報技術や機器の側面だけを考えるだけで良いのであろうか。ソフトウェアやハードウェアが進歩したと言え、それを扱うのは人間である。現在の情報機器の特徴と人間の特徴の両方を同時に考えなければ問題の根本的な解決にはならない。そこで本章では人間の情報処理特性という側面から、情報を取り扱う上での注意点を挙げる。

2．文字情報と人間の情報

　Web ページやメール、LINE といったコミュニケーションツールには画像などの情報も掲載できるが、基本的な情報は文字情報である。文字は人間が発明した重要なツールであり、現代文明において欠かすことのできない情報といえる。しかし、人間のコミュニケーションには文字以外の情報も重要である。

　メラビアン（Mehrabian, 1971）は対話場面において、言葉以外の要素の情報の伝達量が多いことを実験的に示した。メラビアンによれば、相手に対する好悪の感情は、言葉 7%、音声 38%、表情 55% の情報量をもつとしている（**図1**）。このように人間の会話においては言葉ではなく、言葉以外

の情報（非言語行動）の影響力が強い。非言語行動によるコミュニケーションは文化という学習の産物ではなく、人間という生物が進化していく過程の中で組み込まれたものである。そのため、後天的に獲得された言葉よりもその拘束力が強いといえる。メラビアンの研究での言語は発話であるが、文字情報は2次的な言語であるため、その影響力は発話よりもさらに小さい。その結果、非言語行動を含んだ会話と同じようにコミュニケーションをコンピュータ上でとると表情などの非言語的な情報が不足し、想

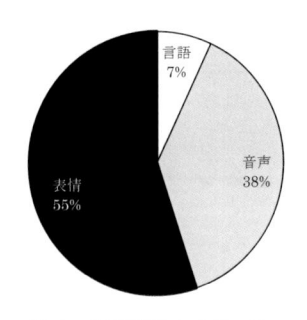

図1　メラビアンによるコミュニケーション時の情報の信頼度【Mehrabian (http://www.kaaj.com/psych/smorder.html) より著者作成】

定している以上の誤解が生じるのである。こうした問題を解決するためには、人間の言葉の処理だけでなく、基本的な情報処理の特徴をみる必要がある。

3．人間の情報処理の特徴
①感覚・知覚・認知
　人間は五感（視角・聴覚・嗅覚・触覚・味覚）によって外界の情報を得る。それぞれの感覚を司る器官（目・耳・鼻・皮膚・舌）を感覚器という。感覚器から脳へと情報が伝達される。この状態が感覚（Sense）である。ただし、この段階では外界の情報は入力されたままであり、知覚（認識）として処理されていないため、あくまでもデータとしてしか存在していない。
　感覚器から入った情報はそれぞれの感覚に固有の脳部位に通じていくことで処理されていく。この処理も一段階で済むわけではない。最も顕著なのが視覚である。視覚情報は目の奥にある網膜上に投影されることになるが、その網膜像そのものが脳内で処理されるのではない。
　網膜上の情報は視神経を通して、第1次視覚野と呼ばれる脳部位（後頭部あたり）に移動し、脳の奥にある2次視覚野、3次視覚野と進む。この過程の中で、視覚から入った情報は適度に複雑な形（線分・傾き・顔の形など）に分解され、やがてその他の情報（位置や運動）と統合される（櫻井, 1998）。この統合された結果が知覚（Perception）といえる。
　脳内で統合される情報は単一の感覚経路（モダリティ）だけではなく、別のモダリティ（聴覚や触覚など）とも統合されて処理される。さらに、記

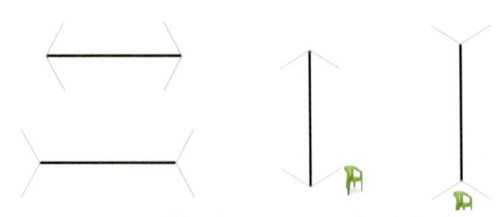

図2 ミュラーリヤー錯視の例　注：左図は水平方向の例。
　　右図は垂直方向の例。【著者作成】

憶などの既存の情報に基づいて変換や意味付けがされる。このように知覚された情報から何らかの解釈を行っている状態が認知（Cognition）である。

認知という言葉には適用範囲が極めて広く、人間の精神活動全般を表すため「こころ」という言葉で表現されることもある。人間は単に外界からの情報をそのまま受け入れるだけでなく、様々な意味付けを行い、他の情報と併せてその場にない情報として扱うことができる。思考を含めた様々な情報処理は知性（Intelligence）という言葉で表される。人間が扱う情報とはそのまま外界からの情報ではなく、知性という人間に固有の情報処理の結果を利用しているのである。

② 　知覚レベルでの情報変換（ボトムアップ的処理）

人間は情報を脳内で再統合して表現（表象）しているが、この過程で外界の情報がゆがめられることがある。知覚側面での歪みの例として錯覚（Illusion）が知られている。特に視角で生じる錯覚は錯視と呼ばれる。図2の左は代表的な幾何学的錯視のミュラー・リヤー錯視である。幾何学的錯視とは対象の幾何学的な特徴により生じる錯視である。ミュラー・リヤー錯視は中央の線分に対して付属する斜線（矢羽）の角度が外向きの場合は実際よりも長く、内向きの場合は実際よりも短く見える現象である。この錯視は人間だけでなく、ヒト以外の動物であるハトでも詳細に分析されている（中村, 2013）。

幾何学的錯視は人間が外界の情報をそのまま反映していないことの証拠の一つである。錯視は視角系の情報処理により生じるエラーであるが、なぜそのようなエラーが生じるのであろうか。幾何学的な錯視が生じる理由に関しては諸説あるが、その一つが奥行知覚に関連するものである。**図2**の右は同じミュラー・リヤー錯視に少し絵画的な要素を加えたものである。これで見ると、内向きの矢羽がついた図形はでっぱりを表し、外向きに矢羽がついた図形は部屋の角のような印象を受ける。これは人間が物体の大きさが恒常的であるように認識するメカニズムによって生じるものである。物体が遠ざかるほど網膜像では小さく、近づけば大きくなる。しかし、同じ物体であると

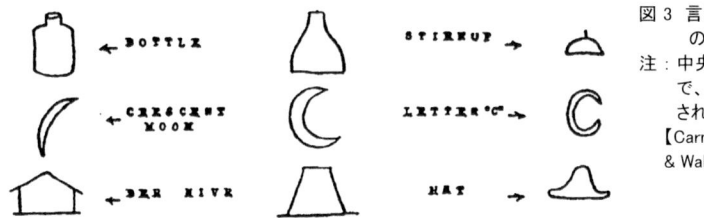

図 3 言葉による記憶
の変化
注：中央部が元の図
で、左右は再生
された図。
【Carmichael, Hogen,
& Walter（1932）より】

いう認識があるため、元の大きさとして自動的に知覚される（大きさの恒常性）。この大きさの恒常性に関わる認識としてミュラー・リヤー錯視が生じる可能性がある。

　このように、人間は知覚レベルでも自動的に情報を処理している。この情報処理は知識のような次元により情報が変換されるのではなく、それぞれの情報の特性によって変化する。このような変化は人間の情報処理がボトムアップ的に情報を処理している証拠と言えよう。

③　記憶による情報変換（トップダウン的処理）

　外界の情報の特性に従ってある一定のアルゴリズム（方式）によって処理されているだけでなく、知識や記憶などの認知的側面によって情報の処理が影響されることがある。

　人間の場合、言葉の影響は特に強い。実際、見た図形の形状すら言葉によって変化させられる。カーマイケル、ホーガン、ウォルター（Carmichael, Hogen, & Walter, 1932）は**図 3** の中央のような図形と単語を見せた時の図形の記憶の再生を調べた。その結果、見せられた図形そのものではなく、一緒に示された単語に沿った形で図形が再生されることを発見している。このことは、人間の記憶が見たままそのままではなく、言葉の影響を受けることを示している。すなわち、頭の中にある言葉のイメージに置き換わって記憶されているのである。

　記憶に影響を与えるのは言葉だけでなく、既存の知識も影響を与える。バートレット（Bartlett, 1932）は伝言ゲームのように図形を書いて相手に伝える実験を行った。その結果、**図 4** のように象形文字のフクロウは他者に伝わるたびに変形していき、最終的にフクロウとは全く異なるネコとして再生された。すなわち、あいまいな図形に対して自らのイメージに対応させながら記憶をしているのである。

　人間は知覚されたそのままを記憶するのではなく、言葉や知識といったも

図4 伝達による記憶
　　の変化
注：元のフクロウが猫
　　に変化していく。
【Carmichael, Hogen,
　& Walter (1932) より】

のに変換した記憶として情報を処理しているのである。これらの現象は人間
の言語という既存の知識が情報処理に影響を与えることを示す。言語は、ど
の音や形に対してどの意味や概念を結びつけるかは文化に依存する。した
がって、先天的な要素ではなく経験のような後天的な要素により、既存の情
報が変容してしまうのである。そのため、知覚というレベルにおいても、脳
などの認識レベルによる処理（トップ・ダウン処理）が同時に起こっている
といえる。

4．思考による情報の変動

　人間は思考することができる。こうした思考の様式として開発されたのが
論理である。論理は抽象化されたものであるからこそ、特定の場面や対象に
とらわれることなく操作することが可能である。科学技術や文明の発展には
論理は必須のものである。しかし、人間の思考がすべて論理に従うとは限ら
ない。むしろ、人間の情報処理は論理のような抽象的で合理的なものとは別
のもので処理している。

　例えば、コスミダス（Cosmides, 1989）は同じ論理特性に従った推論課
題であっても、社会的な裏切り者を検出するような場面で成績が向上するこ
とから、人間の思考は特定の場面で対処するために進化した可能性を指摘し
ている。また、事前の情報がある場合、人間はその事前の情報にとらわれて
正しい確率計算ができないことも知られている（Evans & Over, 2000）。た
だし、こうした思考の処理は人間という種が高速で情報を処理するのに役
立っているとする説もある。ギーゲンレンツァー（2010）は人間の意思決
定は無意識的な要素が決定していることから、直観的な思考の有効性を示し

ている。

　いずれにせよ、人間の思考は人間という動物が生き延びることができるように情報処理を進化させていった結果である。そのため、基本の演算として論理を駆使するようなコンピュータ上の処理と人間の処理を同列に扱うことはできないのである。

5．情報ソースを確認

　人間は視覚を使って情報を処理することが多い。そのため、「目で見てわからないことは聞いてもわからない」というような言い回しも存在する。ところが、人間の情報処理はそれほど正確ではない。錯視のように、目から入った情報が脳内で処理されていく過程で歪んでしまうだけでなく、記憶として再生されるときや文化や経験などによってもその情報は大きく変わってしまう。個体内で情報が変容する以上、他者から情報を得た場合はその情報の変動はより大きくなるのは当然といえる。

　現代の社会では情報を発信することが誰でもできる。そこで発せられている情報は理性的な思考や客観性を追求した情報とは限らない。むしろ、各個人がそれぞれの主観的な解釈や経験則をもって情報を取捨選択し、表現しているといえる。そのため、他者からの情報をそのまま鵜呑みにしていたのでは本当に重要な情報を得ることはできない。インターネットで検索すれば多様な情報が手に入る。しかし、その情報をそのまま用いるのではなく、何に基づいて発信されているか（情報のソース）を吟味しなければならない。その上で、自身にとって有効なものであるのかどうかを、自らの知性という情報処理を使って生かしていくべきである。　　　　　　　　　（高橋　真）

【引用文献】

Mehrabian, A. "Silent Messages" -- A Wealth of Information About Nonverbal Communication (Body Language). http://www.kaaj.com/psych/smorder.html. 閲覧日 2015 年 8 月 3 日

櫻井芳雄　1998『ニューロンから心をさぐる』岩波科学ライブラリー 64　岩波書店

中村哲之　2013『動物の錯視　トリの眼から考える認知の進化』京都大学学術出版会

Carmichael, L., Hogen, H. P., & Walter, A. A. (1932). An experimental study of the effect of language on the reproduction of visually perceived form. Journal of Experimental Psychology, 15(1), 73-86.

Bartlett, F. C. (1932). Remembering: A study in experimental and social psychology. Cambridge, UK: Cambridge University Press.

Cosmides, L. (1989). The logic of social exchange: Has natural selection shaped how humans reason? Studies with the Wason selection task. Cognition, 31, 187-276.

Evans, J. B. T., & Over, D. E.　山祐experiment（訳）2000『合理性と推理—人間は合理的思考が可能か』ナカニシヤ出版

ゲルト・ギーゲンレンツァー　小松淳子（訳）2010『なぜ直感の方がうまくいくのか？—「無意識の知性」が決めている』インターシフト

4節　人としての情報伝達ツール：文字と言語

1．はじめに

　アリストテレスはかつて、「人間は社会的な動物である」と言った。この言葉の意味については、後世いろいろな方向から解釈がなされていて実は諸説があるのだが、少なくとも人間が単独の個体として存在しうる存在ではなく、複数の個体で集団および社会をつくり、そうした環境下で自己の役割を果たしつつ活躍し、得た経験や情報を他の個体に伝え共有するという生活をしてきたという点で、概ね間違ってはいないであろう。

　言い換えると、人間には他の動物に比べて圧倒的に優れた情報伝達能力すなわち言語能力を備えており、またそれを書き記すための記号すなわち文字を発明した。これらが古来よりの人間社会の発展に大きく寄与したのである。

2．人間の発声能力と言語

　人間以外の動物にも、音声などを用いて意思疎通を行っているものは多くいる。たとえば、クジラは様々な周波数での反復的な音を発することが知られているし、サルや鳥などは鳴声・さえずり等により自己の存在を知らしめるとともに、同種の別個体に対しても警告や存在主張をすることが知られている。また、ミツバチは巣箱などでダンスと呼ばれる表現行動を行うことで、蜜の取れる花畑の方角を他の個体に知らせているという。このほか、多くの動物は表情や行動等を使って喜怒の感情表現をしており、特に類人猿などはその方法がより高度でかつ多様な内容であると考えられている。

　その点では、人間が持つ言語能力はこれらをはるかに超えた存在であり、それは発達した発声器官があることで可能となっている。これにより、人間は異なる音を区別して発することが可能であり、さらに抑揚なども加味すると連続する複雑な音＝声を発することができる。

　しかしながら、そうした声が単なる鳴声や叫び声と異なるのは、その内容が言語という一定の規則に基づいた音声信号である点であろう。つまり、言語の規則に基づかない発声は、他の動物の意思疎通と同じレベルでしかない。高度で複雑な情報内容を音声で伝達するためには、どうしても言語という規

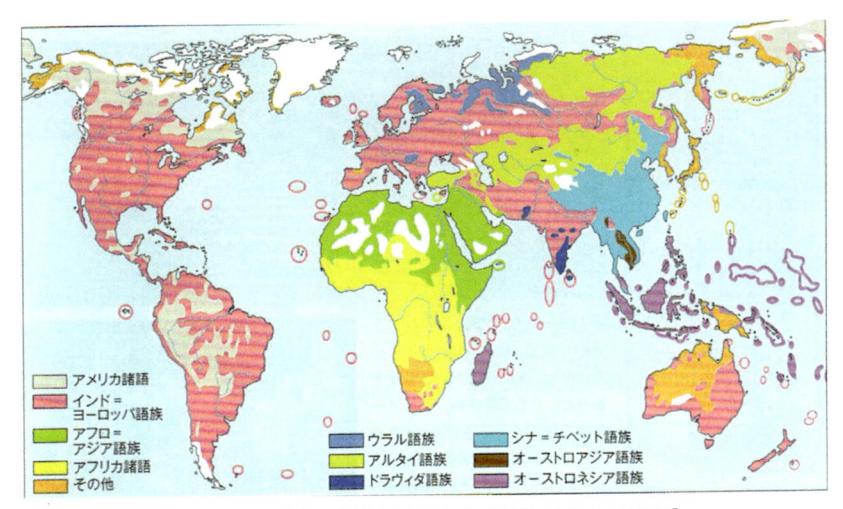

図1　言語の分化　【山川出版社『詳説世界史図録』より引用】

則に則った発音と聞き取り能力の双方がないとできないということになる。

３．言語の種類

　改めて、言語とは、人間が用いる意志伝達手段であり、社会集団内で形成習得され、意志を相互に伝達すること（コミュニケーション）や、抽象的な思考を可能にし、結果として人間の社会的活動や文化的活動を支えている、と定義できるであろう。言語がどのようにして生まれたのか、またどこで生まれたのかという根本的な問題については、全く判明していない。現在、世界で知られている言語は数千種類あるとされており、また歴史的にその存在が知られているものの、使用していた民族の滅亡やその他の社会的要因により使用されなくなった言語も相当数ある。

　これらの諸言語については、その文法や単語の傾向などから、いくつかの言語系統に分類されており、これらの言語の分布については、**図1**の地図に示した。既にご承知のこととは思うが、たとえば英語は発祥の地であるイギリスだけでなく、アメリカやインド・オーストラリアなどで公用語として使用されている。これは言うまでもなく、歴史の展開・経過の中において移民により伝播したり、あるいは政治的経過により当地で採用された等の事情によるものである。

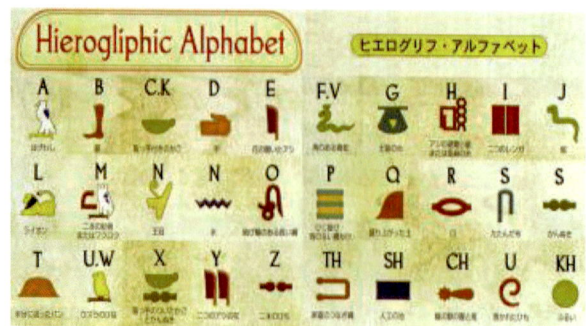

図 2　チューノムとクオックグーの表記事例
【参考資料 1）の URL より引用】

図 3　ヒエログリフ（象形文字）のアルファ
ベット表【エジプト土産品の事例より】

４．文字の発明

　さて、言語とともに人間が持つ大きな情報伝達の手段として、文字がある。文字は、言語に基づき、その内容を表示する記号のことである。ここでひとつ注意する必要があるのは、全ての言語は文字を持っている訳ではないことである。たとえば、アマゾン河流域に住む原住民の言語には文字を持たない例がある。また、元来は別の文字を持っていたが、政治的な理由により別の文字を使用するようになる場合もある。たとえば、かつてのベトナム語は漢字もしくは漢字をもとに作られた字喃（チューノム）とよばれる文字を使用していたが、その後フランスの植民地とのを契機にクオック・グーと呼ばれるラテン文字由来の文字が使用されるようになり、現在に到っている（図 2）。

　文字を使用しない言語の場合、会話による意思疎通が基本となるため、情報伝達の範囲が限定されることになる。しかし文字がある社会では、それを使用すると必ずしも対面会話だけでなく、手紙による意思伝達のほか、書籍等の印刷物による情報蓄積や共有が可能となる。つまり、同じ時代、あるいは同じ地域に生きていない人間同士であっても、文字を介して後世の人間、あるいは隔絶した他地域に住む人々に意思や情報を伝えることが可能となる。つまり、文字には言語的情報伝達を飛躍的に拡大させる能力がある。

　また、文字はその仕組みにより、大きくふたつに分けられる。ひとつは音を表す文字である表音文字、もうひとつは意味を表す表意文字である。表音文字の代表例は、日本語におけるひらがな・カタカナやローマ字である。表音文字の特徴は、文字数が極端に多くないことであり、多くても数十程度である。また、エジプトの神官文字（ヒエログリフ）は動物の絵などを含んで

図4 甲骨文字から漢字へ
【参考資料 2）の文献より引用】

甲骨　　　　金文　　　小篆　　　楷書

いるが、実は表音文字である（**図 3**）。これに対して、表意文字の代表例は漢字である。漢字は、現在知られるところでは 10 万字以上あるとされる。漢字の起源は甲骨文字であり、形象的要素から構成される文字である（**図 4**）。

5．わたしたちの言葉　－日本語－

　ところで、私たちが使う日本語は、どのような言語であろうか。まず、言語の系統としては、かつての研究ではアルタイ語系（モンゴル語やチュルク語や朝鮮・韓国語など北アジア・北東アジア系民族の言語の範疇）のひとつとして考えられていた。しかし例えばフランス語やイタリア語、スペイン語がラテン語の仲間として明確な共通点があるのに比べると、いくつかの共通点は見出せるものの、ラテン語同士のような状況ではない。

　日本語がどのようにして成立したかという問題は、未だに定見に到っていない大きな学問的課題である。いろいろな説が提示されているが、歴史的な研究を踏まえると、日本列島の北方や南方、さらには朝鮮半島を経由して大陸方面などから渡来してきた人々がもとらした諸言語が融和してできた古来の言葉（いわゆるヤマト言葉）が、古代以降に漢字などを受容して変化し形成されていったものと考えてよいであろう。

　ちなみに、近年使う人が激減してしまっている琉球（沖縄）方言は、一見して日本語とは全く別の言語と思われがちであるが、実は日本語のひとつの方言であるということが金田一京助らの研究によって知られている。他方で、北海道に住むアイヌ人の言語であるアイヌ語は、未だに言語系統が不明とされている孤立語として世界的に数少ない例である。

　日本の古代社会では、公文書は中国風に漢文を用いて記していたが、漢文すなわち漢語と当時の口語であるヤマト言葉の語順は大きく異なるため、結局漢字を用いた漢文表記は社会的には浸透せず、一部の官吏・僧侶などの知識人の間でしか使用されていなかった。また、漢字を本来の意味を示す文字としてではなく、音を示す表意文字として使用し、あたかも今の我々が英単

あ ⇒ あ ⇒ 安
い ⇒ 㠯 ⇒ 以
う ⇒ 宇 ⇒ 宇
え ⇒ 灮 ⇒ 衣
お ⇒ 枋 ⇒ 於

図5 漢字からひらがなへ
【参考資料 3）の文献より引用】

語をカタカナ標記するのと同じように、漢字を用いてヤマト言葉を標記するということも行われていた。しかし、漢字はもともと表意文字であり画数が多いため、表意文字としての使用には向いていない面があった。やがて平安時代以降になると、漢字を崩して草書風に略記したり、漢字の一部のみを使って略記することが行われるようになり、それがひらがな・カタカナの起源となっていく（図5）。

　このような歴史的経過を経て、漢字・ひらがな・カタカナという3種の文字体系を用いる言語として成立した。さらに、現代社会ではローマ字等の標記（英語・日本語とも）も多用されており、世界でも類の無い複雑な言語形態を呈している。

6．言語と国家

　人間は、生まれ育った環境の中で言語を習得してきた。しかし、その環境とは必ずしも単一の言語のみを使用する環境であるとは限らない。近代以前の時代で、ひとつの国や地域の中に複数の言語・方言が存在し併用されてることは多々あり、今日でも、そうした環境にある社会は珍しいとは言えない。

　しかしながら、近代以降の時代、とりわけ 19 世紀以降の世界では、国家における言語の占める意味や重要性は大きくなっていった。特に、国家を支える国民の要請が重視される時代となり、識字率の向上が大きな社会的課題とされたことがあった。日本では明治維新以降、驚異的な速さで識字率が 100％近くになったが、それは国民への教育と決して不可分ではない。こうした教育の必要性の中で、国民に教えるべき標準語としての国語が成立するのである。現代日本でも、国語は国による施策下におかれ、国立の研究機関である国立国語研究所などが設置され、日本の公用語たる国語の教育や漢字使用（当用漢字などの選定）などの在り方が継続的に研究され続けている。

7．さまざまな言語と現代社会

　以上、人間が古来より能力として獲得してきた言語と、それを表す記号として発明した文字について述べてきた。こうした言語は「自然言語」と呼ば

れている。それに対し、20世紀後半以降の情報化社会の到来（9節で詳述）により、コンピューターが発達し、性能が格段に進歩した結果、現代社会では必要不可欠な存在になっている（7節で詳述）。こうしたコンピューターの運用は、プログラム言語によってなされているが、こうしたプログラム言語（8節で詳述）のことを形式言語と呼んで区別している。

　もともと、人間がその能力として口頭による会話に使用するものとして存在した言語であったが、やがて文字が発明・併用されて、情報伝達能力は飛躍的に増大したことは冒頭で述べたとおりである。さらには、現代社会を支えるコンピューターを動かす存在としての役割も担う存在ともなっている。

　なお、自然言語の最大かつ長年の課題とは、使用言語間での翻訳であった。特に外国人との意思疎通などにおいては、複数言語での会話能力や専門知識を有する通訳の存在が大きかった時代もあった。しかしながら、現在は誰しもが英語を学ぶようになり、また電子機器の普及発達により自動翻訳の機能を搭載した携帯機器も販売されている。個人能力の差はあるとしても、そうした機器を使いこなすことによって、長期間にわたる学習を経て修得されていた他言語会話能力に匹敵する別言語間での意思疎通が可能な社会となりつつある。もちろん、こうした機器にはまだ一定の性能限界は存在しているが、遠くない将来に我々はかなり精度の高い翻訳支援ツールを得ているだろう。

8．まとめ

　以上概観してきたように、言語と文字は人間が持っている中心的な情報伝達手段であり、これを有していたことで、我々は他人の知識や経験、情報などの「知的財産」を共有することができた。過去の人々の残した知的財産を有効に活用して、今日の社会を構築することが出来たといっても過言ではない。また、現代ではインターネット環境の中で、一度も会ったことがない人間同士が、世界のどこに居ても会話や通信をして意見交換を行い、お互いの思想や理念を理解しあえるのである。人間は生命体という点では動物の一種であるが、言語と文字を使うという点では、他の動物とは隔絶的に異なる知的な存在なのである。

（武田 和哉）

【参考資料】
1) http://nomfoundation.org/nom-project/tale-of-kieu/tale-of-kieu-version-1902
2) 唐漢編『漢字密碼』学林出版社　2002
3) http:// おもしろ最新情報 .jp/3290.html

5節　時間・空間を越えた情報保存ツール：書籍

1．はじめに

　本節では、言語・文字により集積された膨大な知が、どのようにして書物として
まとめられたのか、また、どのようにして図書館（あるいはその前身的施設）が成
立していったのかを解説する。

2．．書写材料

　書写用の材料があったから文字が生まれたという意見がある。書写材料として、
古代の人たちは自然素材である岩石や木材などを使った（図1・図2）。その後、
人類は、記録可能で持ち運びできる粘土板、パピルス、羊皮紙、布、紙などを
用いた。

① 粘土板（clay tablet）粘土板は、古代メソポタミアにおいて一般的に用いられ
た記録メディアである。1辺が数 cm ～数 10cm の平たい粘土の上に、尖らせた
葦や木の棒を押し付けて文字を記した。記録が簡便で携帯できたので、紀元前
3000 年以前から紀元直後までさまざまな言語の記録に用いられた。

② パピルス（papyrus）パピルスは、古代エジプトで量産され、エジプトおよびギ
リシア、ローマ圏において主流であった記録メディアである。パピルス草（カミガ
ヤツリ：図3）は、当時ナイル川下流部の湿地で栽培され、種々の日用品の材料
になった。記録メディアとしては、この草の茎を縦に薄くスライスし、縦横に並べ
て圧搾乾燥させて作った。筆記には葦ペンとインクを用いた（図4）。その製造
工程から折り曲げには弱い。通常は数 10cm 角のシートを帯状に継ぎ合わせ、巻

図 1: 石に刻まれた楔形文字　図 2: 木の板に書かれたヒエログリフ【大英博物館にて山本撮影】)

子本とした。4 世紀ごろから、高価だがより強靭な羊皮紙に交代し、紙がヨーロッパへ伝来するとともにその役割を終えた。

③ **羊皮紙**(parchment) 羊皮紙は、羊や山羊の皮をなめして作られた書写材あるいは製本材であり、パーチメントともいう。前 2 世紀頃からパピルスに代わる書写材として小アジアの古代都市ペルガモン (Pergamum) を中心に使用されるようになった。

羊皮紙は、パピルスに比べて耐久性や柔軟性に富み、両面書写が可能で扱いやすい。欠点は、1 冊の書物を作成するのに数 10 頭分もの羊皮紙を使用するため高価で、分厚く重いことである。4 世紀頃から、中近東やヨーロッパではパピルスに代わる書写材となったが、15 世紀以降、活版印刷術の普及により紙が主流になった。

④ **紙**(paper) 紙は、主に植物繊維を材料とし、樹脂などを加えた溶液中に分散させて絡ませ、漉いてシート状に乾燥させたものである。

105 (元興 1) 年、中国の蔡倫が、樹皮、麻、魚網などから紙をつくり和帝に献上した。蔡倫以前の時代にも紙が存在したことは確認されているが、安価で軽く薄く耐久性のある蔡倫の紙は、それまでの書写材料に代わるものとしての地位を確立した。その技術は朝鮮半島を経て、610 年に日本へ渡来し、西欧へはシルクロードをたどって 12 世紀に伝わった。なお、日本ではそれ以前にも紙漉きが行われていたという説もある。

3. メディアの形態

次に、上記メディアの特徴を生かした形態について説明する。

図 3：カミガヤツリ【京都府立植物園にて山本撮影】

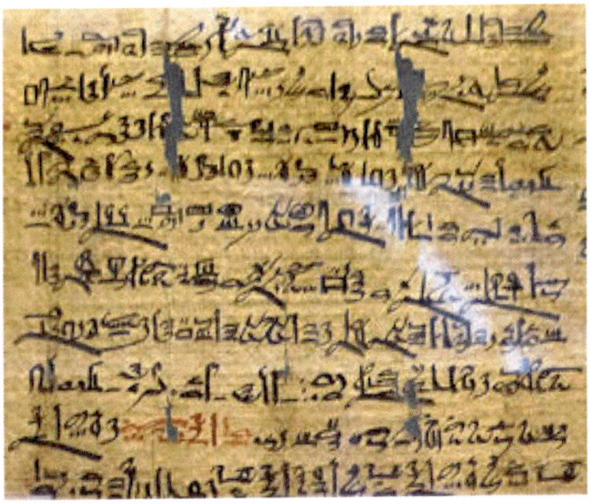

図 4：パピルスに書かれた神官文字 「死者の書」の一部【大英博物館にて山本撮影】

① **巻子本**(scroll, roll)「かんすぼん」と読む。パピルスや絹布、紙を何枚も繋ぎ合わせて横長にしたものに文字や絵を書き、その末端を軸芯にして巻きつけた書物である（図5）。巻物などとも呼ばれる。多くの地域で、初期の書物の装丁形態であった。日本では絵巻物として発達した。

② **コーデックス**(codex) コーデックスとは、紙のようなシート状の書写材料を複数枚重ね合わせ、その一辺をとじたもので冊子体の原形である（図6）。本来は2枚以上の木や象牙の板を蝶番でつないだものを意味していたが、後にパピルス、羊皮紙、紙をとじた写本を意味するようになった。巻子本は、読むのも読後の処理も不便で検索も困難であったため、ヨーロッパでは4世紀頃からコーデックスが一般的となり、書物の一覧性や検索機能ばかりでなく保存性も向上した。

③ **冊子体**(codex、book form) 冊子体とは、同一サイズの紙や獣皮紙などを複数枚重ね、その一辺を糊や糸でとじ合わせたものである（図7）。丈夫にするためにシートの前後に表紙を付けることもある。図書や雑誌など、現代の印刷資料の多くは冊子体である。

4．印刷技術

　同一の内容を、時間、空間を越えて複数の人に伝えるため、印刷技術が発達した。印刷(printing)とは、文字や絵の描かれた原稿をもとに版を作り、版面にインキを塗って文字や絵を紙や布などに転写し、複製を作る技術である。

①『**百万塔陀羅尼**』制作年代が明確な世界最古の印刷物は、日本の『百万塔陀羅尼』である（**図8**）。奈良時代、称徳天皇により4種の陀羅尼を印刷し、それぞれを百万基の小塔に納めて法隆寺などの十大寺に分奉したという。

図5：コーデックス例　羊皮紙に書かれた楽譜【Biblioteca Capitolare 所蔵：Padova　山本撮影】

図6：羊皮紙のコーデックスを金やエナメルで装飾した祈祷書【Santa Maria della Scala 所蔵：Siena 山本撮影】

②　活版印刷（printing from movable type）　活版印刷は、活版（活字を組んだ版）を使って印刷する凸版印刷の一種である。中国では 11 世紀から用いられていたが、西欧では、1445 年頃、ドイツ人グーテンベルク（Johannes Gutenberg）が発明し、聖書を印刷したといわれている（**図 9**）。

5．図書館

　図書館は、時代や洋の東西によって、その指し示すものが変わっている。現在の日本では、図書館法第二条によると、

> 「「図書館」とは、図書、記録その他必要な資料を収集し、整理し、保存して、一般公衆の利用に供し、その教養、調査研究、レクリエーション等に資することを目的とする施設で、地方公共団体、日本赤十字社又は一般社団法人若しくは一般財団法人が設置するもの（学校に附属する図書館又は図書室を除く。）をいう。」

といわれる。　すなわち、さまざまな資料や情報を集めるだけでは「図書館」ではなく、利用者に提供してこそ「図書館」と呼ぶことができる。図書館では、利用者が検索し利用できるように整理し、目の前の利用者のためだけではなく何十年、何百年先の利用者に提供するために、資料や情報を保存する。

　さらに言うと、利用者が資料を利用する際の目的も問わない。勉強や調査研究のためだけではなく、単なる楽しみのために利用するだけでも問題ない。では、利用者が無秩序に図書館を利用してもよいかというと、そうとも言いきれない。教育基本法という、日本国の教育の原則を定めた法律によると、その第一条で、

> 「教育は、人格の完成を目指し、平和で民主的な国家及び社会の形成者として必要な資質を備えた心身ともに健康な国民の育成を期して行われなけ

図 7：百万塔陀羅尼（ニッシャ印刷文化振興財団所蔵・許諾済）

図 8：グーテンベルクの活版印刷機（ニッシャ印刷文化振興財団所蔵・許諾済）

ればならない。」

と、教育の目的が定められている。そして、この目的を達するために、義務教育や家庭教育、学校教育などに加えて、社会教育があり、図書館は、その社会教育機関の一つとして位置づけられている。第十二条では、「図書館も社会教育機関として、学習の機会及び情報の提供その他の適当な方法によって社会教育の振興に努めなければならない。」と定められているのである。

① **図書館の歴史**　ここでは、図書館法による図書館のみならず、資料や情報を収集しただけの機関も図書館と呼ぶ。

　情報が記録された媒体を一か所に集めて管理すると、保存にも利用にも効率的である。古来より、人類は何らかのかたちで記録された情報の収集、蓄積、利用のために施設を作ってきた。これを図書館とするならば、その歴史は紀元前 2000 年以前にまでさかのぼることができる。

② **古代の図書館**　メソポタミアのニップールに、楔形文字で記述された粘土板（前述）の保存された図書館が出現した。この図書館は、紀元前 7 世紀のアッシュールバニパル王の宮殿の一室にあり、粘土板の数は 2 万点以上であったとされる。

　紀元前 3 世紀初頭、エジプト王プトレマイオス一世によって首都アレクサンドリアに作られた図書館が、アレクサンドリア図書館である。ここではパピルス（1.2 参照）が収集されていた。古代の図書館としては最大とされ学問の中心であった。しかし、破壊され建物の位置も分かっていない。他にも、ペルガモン図書館やケルスス図書館などが有名である。

③ **日本における図書館**　日本における、資料の保管庫としての図書館は、すでに古代に出現している。律令制下の図書寮、東大寺、興福寺など寺院の経蔵に次いで、最初の公開図書館といわれる石上宅嗣の芸亭、菅原道真の紅梅殿など、公家の個人文庫、宮中文庫などである。中世には、鎌倉時代の金沢文庫や室町時代の足利学校の文庫など寺院、公家、武家の文庫がある。近代には、江戸幕府の紅葉山文庫、御三家、前田家などの大名家の文庫もある。藩校・郷校の文庫、学者の個人文庫なども知られている。ただ、大半の文庫は一般に公開されてはいなかった。

　近世では、上中層農民や町人の中から自ら図書館施設を作り出すものも見られた。一方、民衆に最も身近な読書組織としては貸本屋があった。貸本屋は寛永年間（1624-1644 年）には既に出現していたといわれ、享保年間（1716-1735 年）以降、都市を中心に急速に広がっていった。

西欧の図書館制度が日本国内に知られるようになったのは、幕末期に幕府派遣欧米使節団に随行した人々の記録からであり、福澤諭吉の『西洋事情』は大きな影響を与えた。日露戦争後、帝国日本を主体的積極的に支える国民の創出がめざされ、急速に公共図書館が全国に普及した。

　第二次世界大戦後、日本国憲法が制定され「知る自由」が保障された。また、1950年に図書館法が成立し無料原則が確立された。図書館界では、戦前の図書館運動に対する反省から、1954年に「図書館の自由に関する宣言」を採択し、日本図書館協会は1963年に『中小都市における公共図書館の運営』を出版した。これらは日本の公共図書館に大きな転機をうながしたと言われる。これ以降、図書館は、利用者のための組織として活動している。

④　**現代の日本の図書館**　現代の図書館は、記録された知識や情報を収集、組織化、保存し、人々の要求に応じて提供することを目的とする。図書館の種類としては、設置者別、利用者別、所蔵資料による区分などがあり、それぞれ、図書館として機能している。なお、「図書館法」でいわれる「図書館」とは公共図書館を指す。

　図書館が扱っている資料には、図書や雑誌、楽譜など紙媒体に加えて、現在は、インターネットで提供される情報資源も含まれる。これらの情報資源を適切に扱うために、図書館員の役割も、従来考えられていたものから増加している。電子図書館になれば、資料も図書館員も不要になるという意見もある。しかしながら、地域の文化施設としての役割は変わるものではない。

6. まとめ

　文字ができた後、各種の書写材料が利用されたり紙が発明されることで、書物が作られそれを収集する人たちが現れた。当初は、自分のため、あるいは、自分が属するグループのために収集し利用していた人たちの中から、一般人への利用を目的として図書館を設立する人が出現した。一方で、思想統制の意味から、資料を収集し図書館を設立したこともあった。現在の日本のような、いつでも、誰でも、好きな時に欲しい情報を得ることが最終目的の公共図書館ができるまでには、相当の年月が必要だったのである。　　　　　　　　　　　　（山本　貴子）

【**参考文献・関連 URL 等**】
図書館情報学ハンドブック編集委員会編『図書館情報学ハンドブック』第2版　丸善　1999
日本図書館情報学会用語辞典編集委員会編『図書館情報学用語辞典』第4版　丸善　2013
森耕一著『図書館の話』(至誠堂選書3)　第4版　至誠堂　1981
「図書館の振興」文部科学省〈http://www.mext.go.jp/a_menu/shougai/tosho/〉[2016/03/31]

第 3 章　情報通信の発展

6節　情報通信技術の発展

1．はじめに

　遠方への情報伝達には、迅速性、正確性、秘匿性などの点で古代から多くの苦労があり、各種の仕組みが工夫されてきた。昔は木簡や紙に文字を書いて送る方法が主に使用されたが、電気磁気の原理が発見され科学技術の進歩により、19世紀からは飛躍的な情報通信の高度化が始まった。

2．江戸時代頃までの情報通信

　古代ギリシャで戦地マラトンでの勝利を首都アテネに伝えるために、兵士が走った故事（紀元前450年）がマラソン競走の起源となった。

　江戸時代までの日本では、中国から伝来した漢字やかな文字を使用し、記録媒体には紙を用いて書簡を作成して、使者や飛脚といった人々が運搬して相手先に配送した。秘密性が高い命令や情報は運送途中での紛失や盗難を避けるために、使者に記憶させて口述で伝達した。

　伝達速度を早めるための工夫は、走る飛脚を仕立てることや、使者を馬に乗せて走り所定の距離ごとに駅を設け、新しい馬に乗り換えるなどの方法であった。伝書鳩という鳥の帰巣本能を利用して情報を伝えることもあったが、信頼性には欠ける弱点があった。

　見通しのきく山上にて狼煙（のろし）を上げて、それを遠方の山上で確認して改めて別の狼煙を焚き、次々にリレーしていく方法もあり伝達速度は早くなった。しかし情報は煙の色で識別するため、「敵が現れた」など限られた情報しか伝えられなかった。

　フランスでは狼煙の発展形として、セマフォア（腕木通信）が1793年に発明された。これは丘や高い建物の上に、時計の針に似た腕木を取り付けて、その角度によって文字や符号情報を表現する信号を送る。遠方の基地から望遠鏡で信号を読み取り、同様な腕木信号機にて次の場所に転送していく大規模なシステムである。後に述べる「電報」の英語名テレグラフの語源となった。

3．電気磁気原理の解明

　中世時代までは、雷が自然界の電気によって引き起こされているとは全く知られていなかった。落雷は雷神の怒りの表現だと信じられていたので、それを鎮めるために龍を堂塔の天井に描いた。

　1752 年、米国の科学者・政治家 B. フランクリンは、凧を上げた実験により、雷が電気による自然現象であることを証明した。冬の乾燥した時期にセーターを脱ぐときに発生する火花は、静電気が原因である。静電気をためるライデン瓶や電気を発生するボルタ電池が 18 世紀に発明され、電磁気の原理が欧州の研究者により物理学的に解明されていった。

　19 世紀になると、電池で供給される電気を利用して遠方に電流（信号）を伝送する電気通信システムが考案された。銅線を 2 本組み合わせて長い電信線を製造し、電柱を立てて架線して電信ネットワークを建設して、商業通信、鉄道運行制御、軍事通信等に応用された。

4．有線通信

　欧州に絵画留学をした画家 S. モールスは、米国への帰国のため大西洋横断船に乗船した。船内食堂で乗客との会話で欧州の電気学を知り、電気を情報通信に利用するアイディアを思いついた。モールスは帰国後いち早く機材の試作と電信運用方法の発明をして、電信実験に成功した（1844 年）。彼が発明した電信符号（英語文字・数字を短点（トン）と長点（ツー）で表現）はモールス符号と名付けられている。

　その後、米国西部開拓時代の鉄道網発展ともあいまって、米国全土に電信柱と電信電線からなる有線通信ネットワークが建設され、ほぼ同時に欧州全体にも電報（テレグラム）サービスが普及した。

　日本にも早い時点で電信機が到来した。江戸幕府に開国を迫った米国ペリー提督が 1854 年徳川幕府に献上し実験をした。通信の威力と必要性を認識した明治政府は、維新後直ちに電信機を輸入して電信網を各地に整備した。

　長距離電信の軍事や商業・産業の重要性から、1851 年英仏海峡横断の海底電信ケーブルが開発され、海洋国家であった英国は国策として、大西洋横断、インド洋、東アジアなどへ電信ケーブルネットワークを次々に建設していった。1871 年国際電信ケーブルが、上海（中国）およびウラジオストク（ロシア）経由で長崎に陸揚げされ、欧州と日本が電信ネットワークでつながった。

5．無線通信

　1865 年、英国物理学者 J. マクスウェルは難解な数式を多く含む電磁気理論を発表した。その理論から実験によって電磁波を実証したのはドイツの H. ヘルツである（1888 年）。無線実験の成功が学会で発表されると、欧州各地で無線通信技術の開発競争が始まった。いち早く達成したのは、イタリアの G. マルコーニである。1895 年、彼は実験装置を自作し 2.4km 離れた区間でモールス信号の送受信に成功した。その実験結果により事業会社を設立して、無線通信実験を進め英仏海峡横断、さらに大西洋横断英米間通信に成功した（1901 年）。マルコーニは船舶通信業務を独占し、さらにはノーベル賞を受賞した。

　無線通信は軍事技術としても重要であった。日本帝国海軍は日露戦争の勝敗をわけた対馬沖海戦（1905 年）では、急遽海軍で自主開発した無線電信機を活用したことがロシアに勝った理由のひとつである。

　1912 年、豪華客船タイタニック号は処女航海のため英国を出航、北大西洋で深夜に氷山と衝突した。船にはマルコーニ会社無線機があり通信士が懸命に遭難信号 SOS を発信した。遠くを航行中の船舶が救助活動したが多くの乗客が死亡した。この事故をうけ遭難通信は国際条約で改善された。

6．電話システム

　電信は電報として専用紙に書かれた受信文を電報局員によって配達されたが、電話が発明されると発信者と受信者が電話線で接続されて自分の音声で会話できることから、先進国では爆発的に普及した。

　電話の発明に関しては G. ベルに 1876 年米国特許が与えられた。その後、経済成長によりベルが経営する AT & T 電話ネットワークが全米に拡大した。

　AT&T の技術研究部門であるベル研究所は、20 世紀を通じて物理、通信、電子技術に多数の発見と発明を達成し現代情報文明の基礎を作った。

7．ラジオ放送とテレビ放送

　無線技術は一度に多数の受信者に情報を届けることができることから、ラジオ放送が日本では 1925 年に開始された。簡単で安価な受信機が作られたので広く普及した。第 2 次世界大戦前ドイツでナチスが急速に支持を伸ばしたのは、ヒトラーのラジオ演説が大きな効果をもたらしたからといわれている。

　1945 年、終戦の詔書を自ら読み上げた昭和天皇の「玉音放送」を流したのは

ラジオであった。

　広く一般大衆に情報を伝える方法（マスメディア）は主に新聞であったが、速報が得られるラジオの普及が進んだ。流行歌やドラマの放送もラジオの魅力を増した。

　テレビ（テレビジョンの略称）の発明は戦前であったが、受信機技術が未熟で市販されなかった。1953年にNHKと日本テレビが放送を開始し、受信機の技術改良と量産化が進んだ。大相撲やプロレスのテレビ放送が人気を呼び、駅前広場に公衆テレビが設置され、町の食堂では客寄せとしてテレビが据えられた。1960年にはカラー放送が開始され、1964年の東京オリンピックが開催されてその聖火リレー、開会式や競技映像がキラーコンテンツ（圧倒的な魅力を持った情報）となって、カラーテレビが普及した。

　1950年代半ばから1970年代初頭までの高度経済成長によりテレビ受信機が買いやすくなり、室内娯楽としてテレビ放送が大きな位置を占めることとなった。

　テレビ技術はその後も進歩し、静止軌道に打ち上げられた人工衛星からの衛星放送が始まり、高精細度（HD）テレビと地上波デジタル放送が実現したので受信品質は大きく改善された。テレビ受像機は液晶ディスプレイを使用した大きな画面で薄型が広く普及し、ビデオ録画機は磁気テープ式からハードディスクドライブ（HDD）とDVDを使用した大容量の方式となり、放送の録画再生だけでなく、映画映像や音楽コンサートなどのDVDソフトが流通する時代となった。

8. 衛星通信と光ファイバーケーブル

　20世紀後半には人工衛星を使用する通信衛星が開発された。この技術により国際通信や衛星放送が格段の進歩をとげた。

　さらに、光ファイバーに関する理論が解明され、1980年代に製造技術が急速に発達した。電話局から住宅や事務所ビルまでの電話用銅線を光ファイバーで置換することが進み、広帯域インターネットが急速に普及している。

9. 携帯電話

　1970年代以降、電子回路の大きな進歩により無線通信部品の高性能・小型化と低価格化が進んだ。当初は自動車のトランクに搭載する自動車電話が、肩掛け型、片手持ち型、そしてポケット型へと進化した。

　携帯電話会社の規制緩和で競争が始まり、広告宣伝が激化し価格低下も進ん

で急速に普及した。局設備の投資額や工事費が、従来の固定電話に比べて、過疎地や（既存の電柱がなく局設備も不足する）開発途上国では相対的に安くなり、工事期間も短縮された。中国やインドでは、今や米国や日本以上の契約者数となっている。

　2007 年には、S. ジョブズが率いるアップル社より iPhone が米国で新発売され、翌年には日本を含む多数の国で iPhone が販売されて、スマートフォン時代の幕開けとなった。

10. インターネット

　1960 年代の終わり頃、米国国防高等研究計画局の研究助成で始まった ARPANET 計画でネットワーク・システム相互接続の研究が、インターネットの始まりである。1970 年代の始めころ米国大学では多数のコンピュータ・ネットワークが乱立していたがそれらを相互につなぐため、V. サーフと R. カーンが主導した TCP/IP プロトコルの開発と実装がその中核技術となった。

　この研究計画は単に理論的考察にとどまらず全米の多数の大学・研究機関のコンピュータを相互接続して運用できることを実証することに成功した。この研究で得られた技術は公開され、その後民間企業に技術移転された。

　1990 年には、欧州原子核研究機構（CERN）の T. バーナーズ＝リーが WWW（ワールド・ワイド・ウエブ）を発明した。この GUI（画面操作方法）を利用すれば、一般利用者はプログラミング技能がなくても、直感的な画面指示にしたがってマウス（ポインティング・デバイス）操作で、インターネットの中にある文字・画像情報を閲覧（ブラウズ）できるようになった。

　1995 年には、マイクロソフトが発売した Windows95 にインターネット接続用のソフトウェアが組み込まれたため、一挙に一般市民にも使用が広がっていった。

　さらに、Yahoo! というポータル・検索サービスが無料で提供され、1998 年には Google の強力な検索サーチエンジンも無料で利用開始された。これら「無料サービス」の原資は画面の一部に企業広告を掲載することであり「広告モデル」と称される。検索語から個々人の興味や購入履歴を分析して、広告効果が数値的に分析できることから、検索会社は莫大な広告収入を獲得している。その一方、インターネットの百科事典「ウィキペディア」はボランティア執筆者と寄付金により無料で提供されている。

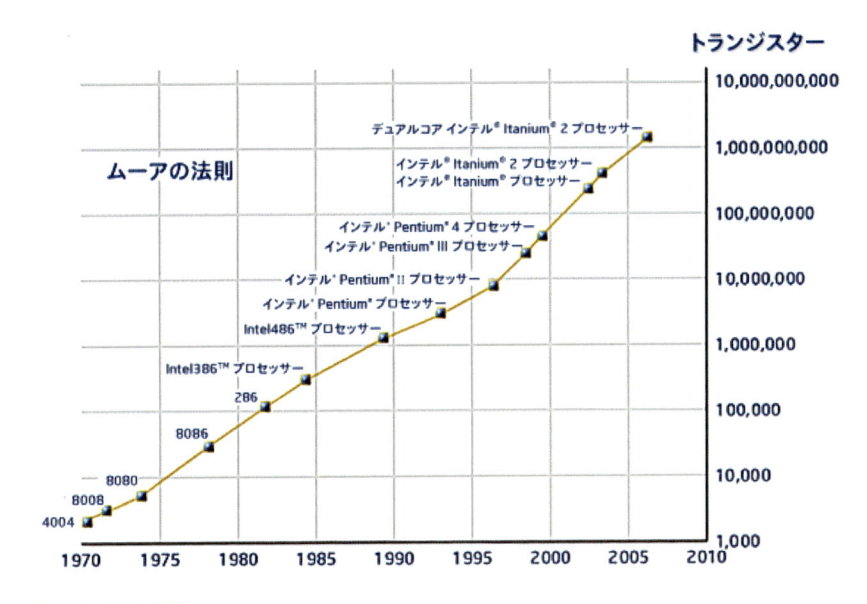

図1 ムーアの法則
【http://www.intel.com/technology/mooreslaw/pix/mooreslaw_graph2.gif より引用】

11. ムーアの法則

　半導体集積回路の会社インテルの共同創業者 G. ムーアが 1965 年に論文で「半導体の集積密度は 18 〜 24 ヶ月で倍増する」という経験則を発表した。これは、ほぼ 2 年毎にプロセッサ等電子部品の性能対価格比が向上する、あるいは性能が同じならば価格が半減することを示唆している。

　この「法則」は半導体加工の技術革新が次々に起こったため、過去 50 年に亘って継続してきた。これらの技術が現代における高性能な情報システム、スマートフォン、SNS 等、情報社会インフラの基礎となっている。

12. おわりに

　現代に暮らす我々は、高性能な通信手段を経済的に利用することができる。加えて、多種多様な情報コンテンツを多くの場合無料で入手できる。さらに個人でも安価に情報発信や写真やイラスト等の作品を発表することができる。その恩恵の多くはアジア、アフリカなど開発途上国においても同様であり、彼らの生活、文化や教育の向上に役立っている。

（池田 佳和）

7節　計算機の出現からコンピューターへの発達

1．はじめに

「コンピュータ」という名称は、「計算する」という意味の動詞 "compute" から派生した語であることが表すように、最初は複雑・大量の計算処理を高速に、そして自動的に行う「計算機」として作られた。コンピュータは、単に計算をする装置というだけでなく、計算手順をプログラムとして記述し、自動実行できることによって幅広く用いられるようになった。ここでは、計算機がどのように作られ、その後どのようにコンピュータという形になっていったかについて述べる。

2．計算をする装置のはじまり

① **最初の計算機**　計算は、文明の始まりとともに必要とされたと考えられる。たとえば、農耕には土地の測量のために幾何学が、暦を作るには天体の運行計算が必要であり、貨幣の流通とともに金銭に関する計算が必要となった。そのような目的に対応するため、計算を補助するそろばんや算木のような器具が紀元前から工夫されてきた。

　計算を自動化する汎用の装置として最初のものは、ドイツのシッカート(Wilhelm Schickard 1592 – 1635) が制作した計算機だといわれている（**図1**）。シッカートの計算機は加減算と乗算はできたが、除算はできなかった。シッカートは天文学者のケプラー(Johannes Kepler 1571 – 1630)と親交があり、ケプラーの天文学上の業績には、この計算機の寄与があったとみられている。

② **ライプニッツとその計算機**

　除算を含めた四則演算が可能な最初の計算機は、数学者・哲学者として有名なドイツのライプニッツ (Gottfried Wilhelm von

図1　シッカートの計算機
【複製 Computer History Museum 蔵　酒井撮影】

Leibnitz 1646 - 1716) が製作したとされている。ライプニッツは、計算機の製作以外にも、二進法や記号論理学に関する研究も行っている。これらの研究成果は、彼の計算機に採用されたわけではないが、のちのコンピュータには大きな影響を与えることとなった。

3. 計算処理の自動化

① 「プログラム」可能な装置　前述のように、コンピュータには「計算をする装置」としての面と「プログラムによって複数の異なる処理を実行する装置」としての面がある。後者の機能の源流としては、フランスのジャカール (Joseph Marie Jacquard 1752 - 1834) が発明したジャカード織機が挙げられる。ジャカード織機は、織物の模様のパターンを、穴のあいた厚紙 (パンチカード) によって用意しておき、これによって糸の上げ下ろしを制御して、織物生産を自動化している。

② 数表の危機　19 世紀頃にはヨーロッパでは商工業活動が活発化し、建物の建築、船の建造や航路計算といった分野で計算の重要性が増した。当時、このような計算で、たとえば三角関数 $\sin \theta$ が必要な場合、あらかじめ用意した $\sin \theta$ の 1 度刻みの値を書いた表 (数表) を参照するという方法が取られた。

　数表を作るための計算は、四則演算の組み合わせで近似できる。ひとつひとつの計算は単純だが、関数値を求めるには四則演算を大量に行う必要がある。そこで、計算手 (computer) となる労働者を集め、分業と流れ作業によって数表が作成された。

　ところが、こうして作られた数表には、多くの誤りが含まれていた。数表に誤りが発生する理由には、計算ミス、結果の書き写しミス、印刷時の活字組みのミスなどがあった。ひとつひとつのミスの発生率は低くとも、表に書き込まれる数値が膨大で、計算の量はさらに膨大だったことから、誤りの件数は、全体としてはかなりの量となった。数表のミスは最悪の場合、人命に関わる事故につながり、この問題は「数表の危機」と呼ばれた。

③ バベッジの階差機関と解析機関　イギリスの数学者バベッジ (Charles Babbage 1791 - 1871) は、分業化された数表作成の工程は機械化可能で、それによってミスをなくすことができると考え、階差機関 (difference engine) を構想した。階差機関は、加算の繰り返しによって積分の近似計算を行う、という原理でさまざまな関数の値を求めるものである。階差機関の実現には、加算を行う機構、加算される数値を与える機構、加算結果を保持する機構、ひとつの加算の後に次の加算を

図2 階差機関の一部
【複製 Computer History Museum 蔵　酒井撮影】

繰り返し実行する機構などが必要であり、可能な計算は限定されるものの、これらの要求はコンピュータに必要な機能と同等のものである。バベッジは、階差機関を完成できなかったが、後にスウェーデンのシュウツ親子(George Scheutz 1785 - 1873, Edvard Scheutz 1821 - 1881)が階差機関を製作している（図2）。

　バベッジはその後、プログラムの差し替えにより、数表作成にとどまらずさまざまな計算に対応できる解析機関(analytical engine)を構想した。解析機関は、プログラムの差し替えによる任意の計算処理の実行、記憶装置(メモリ)へのデータの保管といった、現在のコンピュータと共通する機構をもった、コンピュータのはじまりともいえる装置であった。実行するプログラムの切り替えにより、さまざまな異なる計算を解析機関で行うことができるという着想には前述のジャカード織機が影響しているといわれる。

　解析機関も結局完成することはなかった。バベッジの構想は、バベッジ自身の手で実現することはなかったが、その設計・理論面の業績は現在のコンピュータにつながるものとなった。

④パンチカード集計機　1890 年、アメリカの国勢調査で使われたホレリス(Herman Hollerith 1860 -1929) のパンチカードを用いた集計機は大成功を収めた。この集計機は、ジャカード織機などのカードにヒントを得たものだった。集計処理は、原理的には加算と同じであり、集計機は、一種の計算機であった。ホレリスはこの国勢調査で大成功を収め、彼の会社は後の IBM 社の基礎となった。ホレリスの集計機は、人手では困難な大量の情報処理作業を可能にし、現在の情報化社会への道を切り開いた。そして、パンチカードや集計機の技術は、その後のコンピュータ技術につながった。

4. 最初期のコンピュータ

① ツーゼのコンピュータ

ドイツのヘンシェル社で航空機の設計に関わっていたツーゼ (Konrad Zuse 1910 – 1995) は、設計作業で必要となる大量の計算を自動化することを考えた。ツーゼはほぼ独力で1938 年に Z1 という計算機を開発した。Z1 はプログラムによってさまざまな計算に対応可能で

図 3　ABC マシン
【複製 Computer History Museum 蔵　酒井撮影】

あり、バベッジの解析機関を実現した最初の「コンピュータ」と考えることができる。Z1 は機械的機構で作られたコンピュータだが、工作精度の問題もあって動作は安定しなかったと伝えられる。

ツーゼはその後、実験機 Z2 を経て、リレー (継電器) を利用して電気的に計算を行うコンピュータである Z3 を 1941 年に作成している。ドイツが第 2 次大戦で敗れた際の混乱から、ツーゼのコンピュータは同時代のコンピュータに大きな影響を与えることはなかった。

② 電子計算機のはじまり

階差機関や解析機関、パンチカード集計機といった装置は、いずれも歯車などの部品の組み合わせで作られる「機械的」な機構に基づく装置である。このような機械的装置は、工作精度の影響を受けやすい、摩耗により部品が劣化する、小型化や高速化も難しいといった欠点がある。電気信号を用いて計算を行う「電子計算機」ならば、これらの欠点から逃れることができる。

世界初の電子計算機とされるのが、アイオワ大学のアタナソフ (John Vincent Atanasoff 1903 – 1995) とベリー (Clifford Edward Berry 1918 – 1963) が作り、1939 年に初めて動作したアタナソフ・ベリー・コンピュータ (ABC マシン・**図 3**) である。ABC マシンは、一部に機械的な機構を残してはいたものの、実際に計算を行う部分は、二進法を用いた電子的な機構によって実現されていた。ただし、ABC マシンは 29 元連立一次方程式を解くという目的に特化しており、プログラムによってさまざまな目的に対応できるわけではなかった。

③ チューリングとコロッサス

イギリスの数学者チューリング (Alan Mathison Turing 1912 – 1954) は 1936 年に発表した計算の理論に関する論文の中で、自

動的に計算を行う仮想機械のモデルを提示した。これは「チューリング・マシン」の名前で知られており、現在のコンピュータの理論的基礎となっている。

　第2次大戦中、チューリングは暗号解読のチームに参加している。このチームはドイツ軍のエニグマ暗号の解読にある程度成功していたが、その後、エニグマの改良版や、さらに高度な暗号であるローレンツ暗号への対応にせまられた。そのために開発されたコンピュータがコロッサス (Colossus) である。

　コロッサスは真空管を大量に使用した電子計算機であり、1943 年に完成し、暗号解読にその威力を発揮した。ただし、その機能はほぼ暗号解読目的に限定されており、数値設定をある程度変えることはできたが、プログラムによってさまざまな計算に対応することはできなかった。

④　**ENIAC**　第2次大戦中、アメリカ陸軍の依頼を受けたペンシルベニア大学のモークリー (John William Mauchly 1907 - 1980) とエッカート (John Presper Eckert 1919 - 1995) のチームが開発を始め、終戦後の 1946 年に完成したコンピュータが ENIAC (Electronic Numerical Integrator And Computer) である。ENIAC は、電子的に数値を表現し、計算を行うほか、配線の組み替えによる一種のプログラミングが可能であり、現在のコンピュータの機能をひととおり備えている。その意味で、ENIAC は今日のコンピュータの草分けといえる。

　ENIAC 開発の当初の目的は、大砲の照準のための弾道表という一種の数表を作ることだった。その後、大戦の終結もあり、ENIAC は弾道計算のほか、さまざまな科学技術計算に用いられ、コンピュータの有用性を示した。

5. ノイマン・アーキテクチャの確立とコンピュータの普及

① **EDVAC とノイマン・アーキテクチャ**　ENIAC 開発の中心となったモークリーとエッカートは、より実用的なコンピュータを目指し、EDVAC (Electronic Discrete Variable Automatic Calculator) というコンピュータを開発した。ENIAC でのプログラムは配線の組み替えによって実現していたが、EDVAC ではプログラムはデータと同様に記憶装置内に置かれた (プログラム内蔵方式)。

　EDVAC の開発に参加したノイマン (John Louis von Neumann 1903 - 1957) は、プログラム内蔵方式を含めた EDVAC の基本設計に関するレポートを発表している。ここで書かれた設計方式はノイマンの名をとって「ノイマン・アーキテクチャ」と呼ばれ、現在のほぼすべてのコンピュータに受け継がれている。

② **EDSAC とその影響**　ノイマン・アーキテクチャは、その後ケンブリッジ大学

のウィルクス (Maurice Vincent Wilkes 1913 − 2010) らによって作られた EDSAC (Electronic Delay Storage Automatic Calculator) で本格的に採用された。EDSAC で行われたさまざまな科学計算が活用されたほか、ソフトウェア技術の模索も EDSAC から始まったと言える。ソフトウェアの再利用の観点から、EDSAC 以降、ほとんどのコンピュータはノイマン・アーキテクチャに基づいて作られている。

③ ノイマン・アーキテクチャのその後 ENIAC などでは真空管を主要部品として作られていたコンピュータ (第 1 世代) は、半導体を利用したトランジスタなどで作られるようになり (第 2 世代)、低コスト・高性能化が進んだ。集積回路 (IC : Integrated Circuit) を利用した第 3 世代ではこの傾向はさらに進み、ついにはコンピュータの主要な機能をひとつのチップに収めたマイクロプロセッサが作られ (第 4 世代)、Apple I (1976 年) や IBM−PC (1981 年) のように、個人で所有できるコンピュータ (パーソナルコンピュータ) が実現し、その後も小型・高性能化が進んでいる。

このような大きな変化があった一方で、コンピュータの基本設計としては、ノイマン・アーキテクチャが引き続き採用され続けた。並列処理の効率化などの観点から、ノイマン・アーキテクチャでない (非ノイマン型) コンピュータの研究も行われているが、現時点では、画像処理などの限られた分野の専用機への採用にとどまっている。

6. まとめ

シッカートに始まる計算機は、プログラムによる自動化というアイディアと出会い、バベッジが階差機関・解析機関という形でコンピュータの基礎となる構想を築いた。自動処理の有効性はホレリスの集計機によって示された。

電気・電子技術は実用的なコンピュータへの道をひらき、最初の電子計算機である ABC マシンが生まれた。また、チューリングによる計算の理論は、コンピュータの汎用化につながった。現在のコンピュータは第 2 次大戦期に始まり、ENIAC から EDVAC、そして EDSAC につながる流れから生まれたノイマン・アーキテクチャは、現在までコンピュータの基本設計として引き継がれている。　　　（酒井 恵光）

【参考文献】
Martin Campbell − KellyAspray 著 , 山本 菊男 訳 William. (1999). コンピューター 200 年史―情報マシーン開発物語 . 海文堂出版 .
大駒誠一 . (2005). コンピュータ開発史 ―歴史の誤りをただす「最初の計算機」をたずねる旅― . 共立出版 .

8節 コンピューター関係言語の開発と発展

1. はじめに

　コンピュータは、どのようなプログラムを動かすかにより、さまざまな処理に対応できる。ここでは、プログラムを書くために用いられるさまざまなプログラミング言語がどのように作られ、どのように用いられてきたかについて述べる。

2. プログラミング言語の概念

① **アルゴリズム**　コンピュータは、すべての処理を一種の計算として行う。ここでいう計算は、四則演算にとどまらず、数値に対する操作すべてを含んでいる。たとえば2つの数値の入れ替えや、大小の比較のような操作も計算の一種と考える。ある目的のための計算の手順のことを、アルゴリズム(algorithm/ 算法)という。アルゴリズムという形で記録に残っている最古のものは、ユークリッド(Εὐκλείδης 紀元前3世紀頃)の互除法として知られる、2つの整数の最大公約数を求める**図1-A**のようなアルゴリズムである。

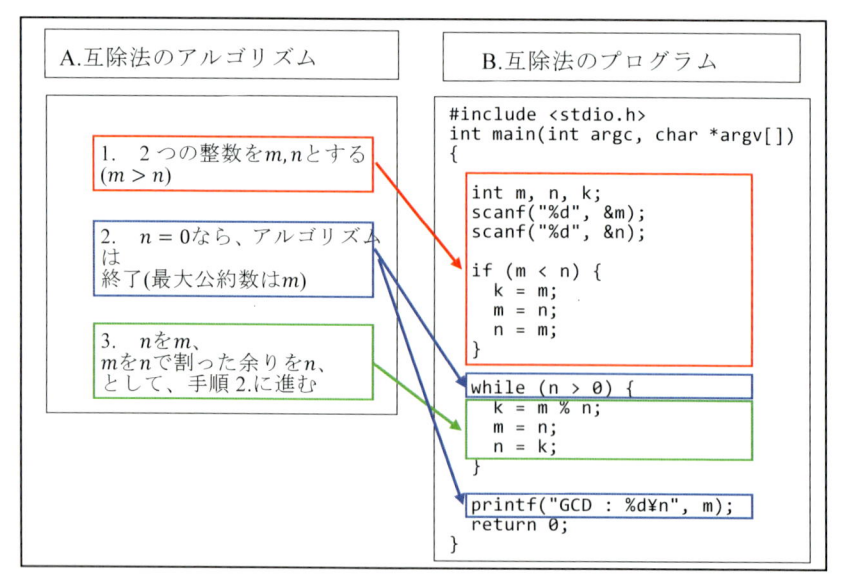

図1−A・B　アルゴリズムとプログラム【酒井作成】

② **アルゴリズムとプログラム**　あるアルゴリズムにしたがってコンピュータに計算をさせるには、実際のコンピュータの中でデータ（上記の互除法における m と n）をどう表し、メモリ上のどこに配置するか、また、コンピュータの持つ計算機能をどう使ってアルゴリズム内の計算を実現するかを決め、その内容をコンピュータに伝える必要がある。これがプログラムである。**図 1-B** は、C 言語で書いたユークリッドの互除法のプログラム例である。

　たとえば、m と n にどの範囲の値を許すかにより、メモリを何バイト消費するかが変わってくるため、その範囲を決めておく必要がある。また除算命令を持たないコンピュータを使う場合は、余りを求めるために引き算の繰り返しを行う必要がある。

③ **プログラムを「書く」ということ**　コンピュータのプログラムに相当するものは、バベッジの階差機関や解析機関でも書かれていた。バベッジの協力者であったエイダ・ラブレス (Augusta Ada King, Countess of Lovelace 1815 - 1852) は世界最初のプログラマと呼ばれることもあるが、実際に彼女がどれほどプログラムを書いていたかについては不明な点が多い。

　ENIAC など、初期のコンピュータでは、スイッチや配線を切り替えることで処理内容を変えたり、パンチカードの穿孔パターンにしたがって処理を行っていた。このような場合、書かれたプログラムは、その内容に相当する結線や、カードのパターンという形でコンピュータに与えられた。

　EDVAC や EDSAC が採用したノイマン・アーキテクチャでは、プログラムをメインメモリ上に置くプログラム内蔵方式を用いている。プログラム内蔵方式では、命令とデータの列を数値の並びで表したプログラム（機械語）をメインメモリ内に置いて実行する。

　人間が書いたプログラムをコンピュータに読み込ませるにはパンチカードなどが必要だが、人間がプログラムを書いてそれをコンピュータに読み込ませるというスタイルがプログラム内蔵方式によって確立した。

3.　低水準プログラミング言語

① **機械語**　メインメモリに置かれて実行されるプログラムは、数値が並んだものであり、機械語と呼ばれる。機械語で書かれたプログラムは、基本的に、実行する命令の種類を表す命令コードと、何に対してその命令を実行するかを表すオペランドから構成される。機械語の命令はコンピュータ (CPU) のしくみに依存しており、メモリ上のデータの読み書きや、1 バイト単位での四則演算といった命令が用意さ

れている。

　そのため、機械語プログラムを作るには、プログラマがアルゴリズムの内容を細かく分解して解釈する必要がある。そして、メモリのどの領域をどう利用するかもプログラマが把握し、管理しなければない。また、できあがった機械語プログラムは数値の羅列であり、そのプログラムで何をしようとしているのかは、人間にとっては理解しづらい。

　また、機械語プログラムでは、問題を抽象的に扱うことよりも、ハードウェアを強く意識することが優先される。このことから、機械語は、後述のアセンブリ言語と合わせて低水準（プログラミング）言語と呼ばれる。

②**アセンブリ言語**　機械語を扱いやすくするために命令を短い文字列で表すなどの工夫をした一種のプログラミング言語がアセンブリ言語である。アセンブリ言語により、機械語プログラムを直接書くよりも人間の目でわかりやすいプログラムを書くことができる。

　アセンブリ言語で書かれたプログラムを実行する方法は 2 種類ある。ひとつは、命令コード表にしたがって人手で機械語に変換する方法（ハンドアセンブル）である。もうひとつは、アセンブリ言語で書かれた文字列を機械語の数値列に変換するプログラム（アセンブラ）を用いて機械語に変換（アセンブル）して実行するという方法である。現在では、ハンドアセンブルを実用的に用いることはまれである。また、多くのアセンブラでは、プログラマによるメモリ管理の手間を軽減するしくみが用意されている。

4. 高水準プログラミング言語のはじまり

① **低水準言語から高水準言語へ**　アセンブラの利用によってプログラマの負担は軽減されるものの、低水準言語では、扱う問題以外にハードウェアの構成を強く意識する必要がある。プログラマが、扱う問題にできるだけ集中できるためには、ハードウェアのしくみをあまり意識せず、数式や文章を書くかのようにプログラムを書けることが望ましい。このような性質をもつプログラミング言語を、高水準（プログラミング）言語あるいは高級言語という。

② **高水準言語の登場**　世界初の高水準言語は、最初期のコンピュータ製作者として知られるドイツのツーゼ (Konrad Zuse 1910 - 1995) が 1948 年に発表したプランカルキュール (Plankalkül) と言われる。しかし、当時は注目されず、この時点ではプランカルキュールが実装されることもなかった。実用となった最初の高水準

表 1 初期の主なプログラミング言語 【酒井作成】

言語	年	特徴
FORTRAN	1956	最初のプログラム言語/科学技術計算向け
ALGOL	1958	アルゴリズム記述を指向/構造化言語の元祖的存在
LISP	1958	関数型/記号処理向け/人工知能研究などにも利用
COBOL	1959	事務処理向け

表 2 代表的な構造化プログラミング言語 【酒井作成】

言語	年	特徴
Pascal	1970	主に教育用/構造化言語の標準的存在
C	1972	UNIX と共に広く普及し後の言語に大きく影響
Modula-2	1978	モジュールの概念によりプログラムの部品化を強く意識
Ada	1983	米国防総省による組み込み向け言語

プログラミング言語は、IBM の技術者バッカス（John Warner Backus 1924 - 2007）が開発した FORTRAN である。最初の FORTRAN 処理系は 1956 年にリリースされ、その後改良を重ねられて現在でも科学技術計算の分野を中心に使われている。表 1 に FORTRAN 以降作られた初期の主なプログラミング言語を示す。

5．プログラミング言語の改良と発展
① **構造化プログラミング言語とプログラムの部品化**　コンピュータの普及とともに、多くのプログラムが作られるようになると、プログラムの生産性が問題となった。そのための手法として、代表的なものが、オランダの計算機科学者ダイクストラ（Edsger Wybe Dijkstra 1930-2002）による「構造化プログラミング」である。構造化プログラミングの考え方により、プログラムを単一のものではなく、小さな部品の集合体としてとらえられるようになり、プログラムの再利用や改良が行いやすくなる。
　ALGOL や LISP は構造化プログラミングの要求をよく満たしており、これらの影響を受けたさまざまな「構造化プログラミング言語」が作られた。構造化プログラミング言語の特徴であるプログラムの部品化の考え方や構造化制御文は、その後のプログラミング言語には当たり前となった。構造化プログラミング言語として作られたもののうち代表的なものを表 2 に示す。
② **オブジェクト指向プログラミング言語**　1970 年代、グラフィカルユーザインタフェースを中心とした先進的な研究を進めていたゼロックスのアラン・ケイ（Alan Curtis Kay 1940 - ）らのチームは、オブジェクト指向プログラミング言語 Smalltalk

表3　おもなオブジェクト指向言語【酒井作成】

言語	年	特徴
Simula	1962	初のオブジェクト指向言語
Smalltalk-80	1980	オブジェクト指向が広まるきっかけとなる
C++	1983	C にオブジェクト指向を導入
Python	1991	スクリプト言語/データ解析などのライブラリが充実
Java	1995	仮想マシン(JVM)上で動作/WWW 関連で広く利用

表4　おもな関数型言語【酒井作成】

言語	年	特徴
ML	1973	自動定理証明の研究から生まれる
Scheme	1975	LISP をコンパクトに再定義/教育などで利用
Haskell	1985	関数型言語の基準とされる
OCaml	1996	ML から発展した Caml にオブジェクト指向を導入
Scala	2004	マルチパラダイム/JVM 上で動作/Twitter の開発などに利用
F#	2005	Windows の.NET プラットフォームで動作

を開発した。インターフェイス設計やプログラムの部品化・再利用のしやすさにより、オブジェクト指向が注目されるようになった。

　オブジェクト指向プログラミングでは、システムをオブジェクトの集合としてとらえる。オブジェクトは、データとそのデータに対する操作をひとまとまりのものとして抽象化した概念である。オブジェクトを利用する場面では、オブジェクトの中身がどうなっているかを意識せずにプログラムを書くことができ、プログラマの負担を減らすことができる。プログラムの部品化という考え方は、構造化プログラミングでも取り入れられているが、オブジェクト指向では、部品としてのオブジェクトの設計と、オブジェクトの組み合わせによるプログラムの作成とをより明確に分離することで、生産性の向上を図っている。

　オブジェクト指向は現在のプログラミングに関するとらえ方（プログラミング・パラダイム）の主流であり、大多数のプログラミング言語にオブジェクト指向が取り入れられている。主なオブジェクト指向言語を**表3**に示す。

③ **関数型プログラミング言語**　オブジェクト指向につづき、近年注目を集めているプログラミング・パラダイムが関数型プログラミングである。関数型プログラミングではプログラム部品をシンプルな形で扱い、数学的にスマートな記述ができ、プ

ログラムの正しさをテストしやすいという特徴がある。

　プログラミングにおける関数は、与えられた値（引数）をもとに一定の処理を行い、その結果となる値（戻り値）を返すものである。関数型でないプログラミングでは、引数や戻り値は数値や文字列のようないわゆるデータであり、処理の対象となるデータと処理を表す関数とは明確に区別される。

　関数型プログラミングでは、関数もまた一種のデータとして扱われ、「関数を引数として受け取り、新たな関数を作り出す関数」のようなものを扱うことができる。関数型プログラミングでは、関数を組み合わせて新たな関数を作ることを比較的自然に行うことができ、既存のプログラムの部品化・再利用を行いやすい。

　関数型プログラミングの歴史は古く、初期のプログラミング言語のひとつであるLISPまでさかのぼることができる。純粋な意味での関数型プログラミングでは入出力などの扱いが例外的になることから、オブジェクト指向と関数型の両方のパラダイムを取り入れたマルチパラダイム言語も開発されている。また、Javaなどにも関数型の機能（ラムダ式など）が採用されつつある。**表4**におもな関数型言語を示す。

6．まとめ

　コンピュータが直接解釈・実行できる機械語は、人間にとっては扱うのが難しい。そこで、ハードウェアのしくみをあまり意識せずにすむ高水準言語が考えられ、FORTRANを皮切りに、ALGOLやLISPなどの言語が設計された。

　プログラムの生産性が重視されるようになると、構造化プログラミングに向いたプログラミング言語が作られ、今では構造化プログラミングのための記述はほとんどのプログラミング言語で採用されている。構造化プログラミング言語に続き、オブジェクト指向プログラミング言語が生まれた。オブジェクト指向は現在の主流となるプログラミング・パラダイムであり、多くの言語にオブジェクト指向が取り入れられている。近年では関数型プログラミングにもあらためて注目が集まっている。

（酒井　恵光）

【引用文献】
Ted Kaehler , Dave Patterson. はじめてのSmalltalk-80 オブジェクト指向プログラミング入門 . 訳 神林靖 . 啓学出版 , 1987.
Jay Gerald Sussman, Julie Sussman, Harold Abelson. 計算機プログラムの構造と解釈 . 訳 和田英一 . ピアソンエデュケーション , 2000.
村瀬康治 . はじめて読むマシン語 . アスキー出版局 , 1983.
大駒誠一 . コンピュータ開発史 －歴史の誤りをただす「最初の計算機」をたずねる旅－ . 共立出版 , 2005.
大川徳之 . 関数プログラミング実践入門 . 技術評論社 , 2014.
矢沢久雄 . プログラムはなぜ動くのか . 日経BP, 2001.

第 4 章　高度情報化社会の諸相

9節　高度情報化社会の到来

1. はじめに　ー情報化社会とは何かー

　そもそも、情報化社会とはどのような社会のことを指すのであろうか。有名な『広辞苑』で調べてみると、「コンピューターや通信技術の発達により、情報が物質やエネルギーと同等以上の資源とみなされ、その価値を中心として機能・発展する社会。情報社会。」と書かれてある。この定義に従えば、単にコンピューターなどの情報機器が普及し、通信技術が発達したという環境の社会というだけでなく、そこで扱われる情報に価値があり、またその情報がもたらす価値によって仕組みやあり方が決まっていくような社会、ということになるのだろう。

　では、私たちが生きる日本では、具体的にいつ頃からこのような社会の段階になっているのだろう。詳細は7・8節で詳論されているので、それらを踏まえつつも、大きな流れとしては、まず近代以降に電信技術などの発展により、電報・電話が次第に普及した。また、双方向の通信手段ではないが、ラジオが出現し、放送により多くの情報が人々に瞬時にもたらされるようにもなった。その後、第二次大戦後には映像を放送できるテレビが発明されて各家庭に普及していった（**表1・図1**）。

　こうした結果、人々はこれらの通信手段を利用することを前提とした生活を営むようになってきた。つまり、それらによって得られた情報に基づいて、その日の活動の内容や予定を決めたりするようになったのである。まさに、「情報の価値を中心に機能・発展する社会」となった訳であり、その具体的時期についてはいろいろな考え方があるにしても、昭和40年（1965）代以降の日本は、まさしくそのような要件があてはまるような社会になっていたと考えてよい。

2. パソコン・インターネットの普及

　日本では、1980年代になるとテレビ・ラジオによる放送に加えて、新聞・雑誌も数多く刊行され、人々は各メディアの長短所および個人の嗜好に応じてこれらを使い分け、そして社会生活に必要な情報を日々取得しながら毎日を過ごすという生活スタイルが定着した。また、通信技術としては電話に加えてファクシミリという映像受信手段も確立し、社会の中では必要不可欠な手段となっていった。

表1　第二次大戦以降の日本社会におけるメディアや機器の変遷・略年表　【武田作成】

1953年	昭和28年	NHKがテレビ放送を開始
1957年	昭和32年	東京地区でFMラジオ放送が開始
1960年	昭和35年	東京地区でNHKがカラーテレビ放送を開始
1964年	昭和39年	東京オリンピック開催・新幹線営業開始
1975年	昭和50年	NHKのカラーテレビ受信契約数が2000万件を突破 カラーテレビ普及率は約9割
1980年	昭和55年	ビデオレコーダーの発売開始
1982年	昭和57年	CDプレーヤーの発売開始
1985年	昭和60年	携帯電話(肩掛け型・重量約3kg)の発売開始
1987年	昭和62年	携帯電話(ハンディ型・重量約900g)の発売開始
1992年	平成3年	AT&T Jens、インターネットイニシアティブ (IIJ)、ニフティサーブが、パソコン通信サービス事業者としてインターネット接続サービスを開始
1995年	平成7年	Windows95が発売開始
1999年	平成11年	NTTがi-modeサービスを開始し、後に他社も同様サービスで追随
2011年	平成23年	スマートフォンの普及率が約3割に到達 LINEがサービス開始

　ところが、そうした状況を大きく変える通信手段がやがて出現することになる。それは、インターネットである。インターネットは、もとは第二次大戦後のアメリカにて、軍事上の通信手段の開発を目的として研究がなされていたものであり、それが民生技術として転用されて、1988年に初めて商業利用が開始された。核となるホスト機関を持たず、網目状のネットワークにより構成されているので、特定の区間の通信が遮断されたとしても全体の通信がダウンとすることはないとされている。

　また、この通信が市民社会に広く普及するには小型で高性能なコンピューターとそれを運用するソフトが必要であったが、1980年代後半にはいわゆるパーソナルコンピューター（パソコン）が比較的安価で販売されるようになった。特に、日本では1995年に発売されたパソコンの基本ソフト（OS）である「Windows95」がインターネット通信に対応した機能を強化した性能であったこともあり、多くの市民がこのソフトとパソコンを同時に購入してインターネットに加入したことで、90年代後半にインターネット人口が激増する契機になったとも言われている。

　これを契機に、インターネット環境のインフラ整備や商品化が進み、より高速で安価な接続サービスが提供されるようになった。他方、メーカー各社の競争によるパソコンやソフトの性能アップは日進月歩で進み、その結果2015年時点で一般に使用されているパソコンの性能は、1995年段階のパソコンの概ね150倍以上も

演算処理能力が増大したといわれるほどにまでなった。

３．携帯電話の普及とスマートフォンの出現

社会の通信環境が整備されていく中で、電話についても大きな転換点が到来した。それまでは有線による固定電話が主体であったのが、無線通信技術の発展と無線基地局の整備により、小型化した端末を用いて屋外で通話が可能な、いわゆる携帯電話が出現した（図 2）。

当初の携帯電話端末は肩掛け方で約 3kg もの重さがあり、衛星と直接電波を送受信するタイプのものであったが、やがて各地に携帯電話専用に地上基地局が作られて通信環境が整備されると小型化が可能となり、やがては人の手のひらに納まるようなコンパクトな端末へと進化したので、1990 年代半ば頃から一気に市民社会に浸透した。

その後も、単に通話の機能だけでなく、i-mode（NTTdocomo のサービス）などのような通信情報サービスが開始されたり、ワンセグ技術による地上波デジタルテレビ放送画像の受信や高性能のデジタルカメラ機能などが付加されたり、さらには安価で至便なショートメールを使用できる環境にもなっていった。

そして 21 世紀に入る頃には、インターネット閲覧機能やデータ通信が可能でパソコン端末とほぼ同じような機能を持った通話端末、すなわちスマートフォンが登場する。この端末はタッチパネルで操作・入力を行うもので、多機能性や送信環境のさらなる整備発展を背景に多くの利用者を獲得して今日に至っている。また、通話機能を持たないものの小型化した各種の通信型タブレット端末もあわせて多く普及している。

通話機能のない通信端末というと、一昔前では考えられないものであったが、今日のスマートフォン利用者の利用実態をみると、携帯電話の回線を利用しての通話をするよりも、LINE などのアプリケーションを用いたショートメール通信や音声通信の方が主流になっているというデータもあるくらいであり、現在では低価格の端末としての人気があるようだ。

こうして、通信環境の整備とタブレットの高性能化が進んだ結果、1990 年代のパソコンの能力に匹敵もしくは凌駕するような能力を持つ携帯端末が出現し、また各種アプリケーションの多様化に伴う多機能化ともあいまって、「個人単位で持ち運べるパソコン」ともいうべき存在へと成長した。

近い将来には、腕時計型やメガネ型のいわゆるウェアラブル端末の販売も予定されていて、ますます人の生活に密着した存在となっていくのは間違いない。

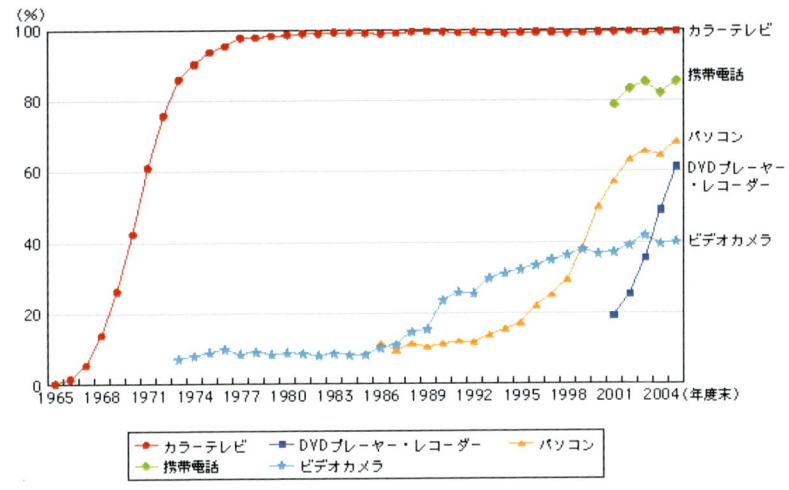

図1 カラーテレビなどの主要家電の普及率の推移
【内閣府経済社会総合研究所「消費動向調査」の結果より引用】

図2 NTTから初め
て発売された最初の
携帯電話（ショルダー
フォン）・右側は現在
のスマートフォン
【東京都内・NTTド
コモ歴史展示スクエ
ア での展示品より
武田撮影】

4．インターネット環境の整備と高度利用化

　前掲の2・3では、主として1980年代以降のマスメディアの発展と通信手段の発展・展開について概観してきた。こうした環境変化が進展した結果、人々は従来とは異なる方法でマスメディアの利用を行うようになった。

　まず、印刷媒体としての新聞・雑誌などは、発信元自体がインターネット環境にも進出して、そこでのニュース・情報発信を行うようにもなっている。もちろん、依然として印刷媒体の需要も存在するが、1996年頃のピークに比べると流通量は6割程度に減少している。また、こうした変化に対応するように、電子書籍の普及・販売という流れも21世紀に入る頃から本格化してきているが、その詳細は次の11項にて詳述したい。

こうして、インターネットが情報取得の主要な手段として急成長してきたのであるが、その原因とはなんであろうか。次の点が上げられよう。

①送信の大量化、マルチメディア化への対応が可能である。

②テレビやラジオとは異なり、情報伝達に関しては双方向性があること。

③得られた情報が、パソコン等を通じて二次利用・再加工しやすいこと。

④各種の高性能端末が発売され、多機能のソフト・アプリも充実していて、それらを利用した画像通信や通話も可能であること。

⑤通信インフラの整備により、接続環境が整備されたこと。

⑥セキュリティ性能や電子決済などの技術が確立し、インターネットを利用した商取引が可能になったこと。

⑦スマートフォンなどの高機能の携帯型端末が出現し、いつでもどこでもネットに接続できるようになったこと。

以上のように、既存のメディアが持つ長所を組み込んだ機能を有していることや、端末・使用機器の高性能化と低価格化と普及率の向上（**図** 3）、さらには近年の通信インフラの整備、特に主要なターミナル駅などにはフリー Wi-Fi が常備されるなどのような環境整備により、日本国内では概ね良好な接続が可能となってきたことがある。さらには、セキュリティ面でも電子決済というサービス手段も付加されていて、こうした諸条件が揃ったことにより小型端末で行える機能が充実したことなどもあって、結果的には普及・浸透への大きな要因になっている。

5．高度情報化社会とは

それでは、最後に本項の本来のテーマである高度情報化社会とは何か、という問題に戻って、改めて考えてみたい。

この語について単純に考えてみれば、高度情報化社会とは情報化社会が高度化したもので、通信機器や情報技術がより発展し身近に普及した社会のことを指すということになろう。それはまさしく、前の 4 節で述べたような今日の日本が、そのような社会であると言えるであろう。

ただし、今の社会は高度に発達した通信環境とそれを利用した人々の諸活動により展開している社会になっているのではあるが、それは見方を変えて考えると、こうした情報が発信源から大量に送られてもたらされるという状態に大きく依存した社会になっているということでもある。

こうした社会においては、情報自体に価値があると認識され、実際に各種の情

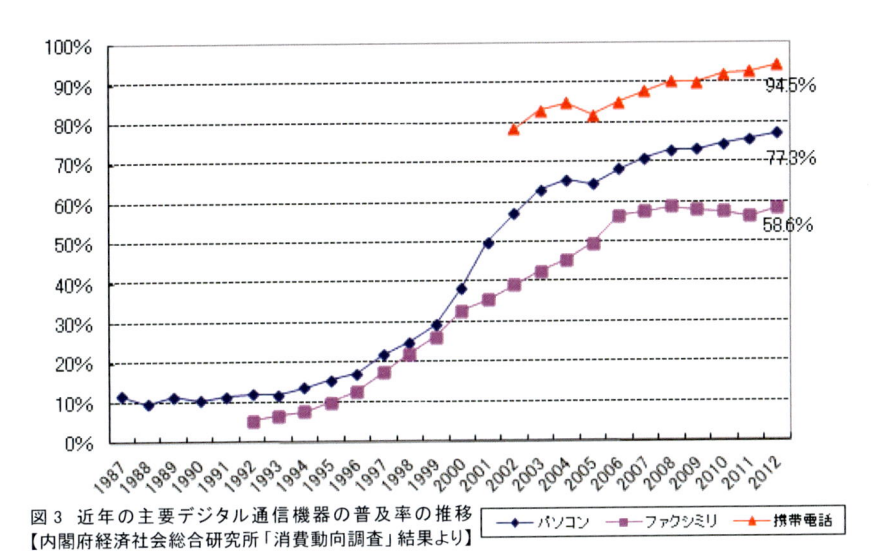

図3 近年の主要デジタル通信機器の普及率の推移
【内閣府経済社会総合研究所「消費動向調査」結果より】

報が商品として販売されていたりする。また、情報を得ているかどうかにより行動・価値の判断が変わり、その結果が仕事や研究の結果にも影響を及ぼしたりもする。さらに、その情報の出所や内容を分析しそれが信頼に耐えうるような情報なのか、あるいは他により良い質の情報はないのか、などを各自なりに判断をしなければならなくなっていると感じられるのである。

　となると、この社会の中で生活していくためには、普段からの情報の摂取・判別・利用といった一通りの情報取扱能力を持たねばならない。そして、それが今の世の中を生きる人間の基本的能力として大きく問われているということにもなるだろう。

6．おわりに

　現在の社会に生きる私たちは、図らずもこのような高度情報化社会の中において適応し、勉学や仕事・育児などのさまざまな活動・行動に携わっていくことが、いわば宿命付けられているのである。もちろん、こうした社会のあり方については、課題・弊害も多くあり、そうした点を踏まえながら、利便性の追求だけでなく、人間性が尊重されるすみよい社会を創出していかねばならないことも忘れてはならないであろう。

（武田　和哉）

【参考文献】
折笠和文『高度情報化社会の諸相：歴史・学問・人間・哲学・文化』同文舘出版 2002
内閣府経済社会綜合研究所「消費動向調査」https://www.esri.cao.go.jp/jp/stat/shouhi/menu_shouhi.html

10節　高度情報化社会における諸課題

1．はじめに

　高機能な携帯端末としてスマートフォンが登場すると、それは、瞬く間に普及していった。『平成27年度版情報通信白書』によれば、2014年末の段階で、日本におけるスマートフォン普及率は64.2%に及んでおり、インターネット利用機器としてスマートフォンを用いる者の割合は47.1%となっている（図1）。インターネットの普及によりもたらされた高度情報化社会は、スマートフォンの普及により新たな段階に入ったといってよいだろう。

　こうした動きは日本だけのことではない。世界中どこでもそうである。「じゃあまた、微信（ウェイシン、WeChat、中国のIT企業の作った無料のインスタントメッセンジャー）で連絡取り合おう」──これが、中国西部にいる友人との別れ際の決まり文句である。今やほとんどの友人──大学の教員から村人まで──が、スマートフォンを使い、そこに「微信」をインストールしている。2015年上半期の中国のスマートフォン普及率は74%だという報道もなされている[1]。実際、4000キロ離れたところにいる友人たちと、瞬時に、そして気軽に連絡を取り合うことができるようになった。2015年の春、友人のいる農村で大規模な土石流が──幸いなことに

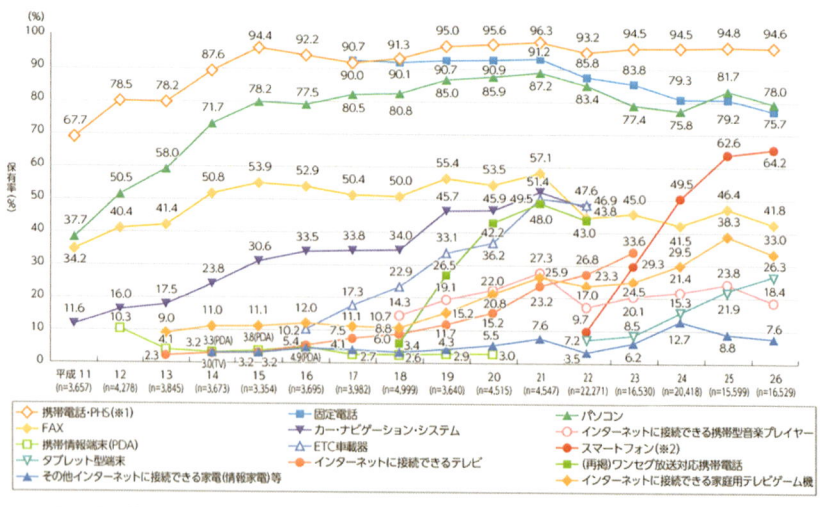

図1　主な情報通信機器の普及状況の推移（世帯）【『平成27年度版情報通信白書』より引用】

人的被害はなかった―起きたことも、その日のうちに知ることができた。現地調査で聞き漏らしたことがあっても、連絡を取れば、すぐ返事が返ってくる。1990年代前半には、電話もなかなか繋がる事がなかったのに―。

　調べものをするのもたいへん楽になった。データベースが構築・整備され、瞬時に必要な情報を得る事ができるようになった。図書館では、紙製のカードをめくりながら文献を探す必要はなくなった。貴重な文献も、電子化され、インターネットを通じて簡単に閲覧することができるようになった。

　このようにわたしたちは、高度情報化社会の中で大きな「利便性」を手に入れ、毎日その恩恵を蒙っている。その一方で、さまざまな問題があることも忘れてはならないだろう。以下ここでは、「個人情報の保護と管理」、「忘れられる権利」、「情報格差」、「災害への対応」という4点の問題をとりあげる。

２．個人情報の管理

　個人情報とは、生存する個人を識別できる情報のことであり、基本的には、氏名・住所・性別・生年月日といったそれだけで特定の個人を識別することのできる情報をいう。勤務先・電話番号・メールアドレス・国籍さらには資産・収入・預金額・借金・クレジットカードの利用状況など、別の情報を参照することにより個人を特定できる情報も個人情報に含まれる。

　ネットショッピングやさまざまな情報サービス利用のために、個人情報を送信・提供する機会が増えている。企業にとって個人情報は、収益をあげるのために必要不可欠な重要な情報源である。ネットショッピングであれば、顧客がどの商品を見、何を購入したかなどの情報を解析することにより、その顧客に対し、よりニーズに合った商品に関する情報を提供し、購買意欲をかきたてることができる。顧客側も、選択に時間をかけることなく、より自分に合った商品を容易に見つけ出すことができるため、利便性を感じる。

　企業はもちろん官公庁の有するコンピュータやサーバーには数多くの個人情報が蓄積され利用されている。電子データは保存・管理・流通が容易であるため、そうして蓄積された個人情報はメモリの紛失や不正アクセス、さらにはパソコンの操作ミスなどをきっかけにして流出し、一瞬にして不特定多数の人たち知られてしまうことになる。たとえば、2014年7月には、教育教育や出版などの事業をおこなうベネッセコーポレーションから2070万件におよぶ大量の個人情報が流出した事件が発覚した [2]。こうした個人情報の流出は、企業だけでなく、官公庁や政府

からの委託を受けた特殊法人でも起きている。2015年6月には、日本年金機構で、年金情報管理システムサーバに対する外部からの不正なアクセスによって、およそ125万件もの個人情報が流出した事実が公表された[3]。職員が、巧妙に偽装されたコンピューターウイルスメールを開封してしまったことが原因だとされている。

こうした個人情報の流出を防ぐには、どのようにしたらいいのであろうか。ファイルの暗号化や外部からの不正な侵入を防ぐためのファイアーウォールの設置など、情報セキュリティをより向上させることは必須である。次に、企業や官公庁などの組織内においてなされなければならないことは、個人情報を扱う社員・職員に対する教育と意識向上である。膨大な個人情報でも、電子データとなっていれば、その量を実感することが困難である。また、業務として日常的に扱っていると、データの重要性に対する認識が希薄となってしまい、安易にメモリにコピーし持ち出したりという行為につながってしまう。社員・職員ひとりひとりが、個人情報を流出させないという強い意識を持つ必要があろうし、そうした意識を持たせるよう企業・官公庁は、社員・職員に対する情報活用能力の向上に努めなければならない。

個人では、どのような対策が必要だろうか。まず、自分のホームページやソーシャル・ネットワーキング・サービス（SNS）上に必要以上の個人情報を書き込まないことである。大切な個人情報を自ら流出させてしまう結果となる。次にウエブサイトで個人情報を入力する際に、そのサイトの信頼性・安全性をよく確かめる必要がある。インターネット上には巧妙に偽装されたフィッシングサイトが存在する。そこで入力したことにより、個人情報が盗まれてしまう危険性がある。また、ファイル共有ソフトを使用しない、ウイルスの侵入を防ぐためのセキュリティ・ソフトを最新の状態にしておくことなどの対策が必要である。

3. 忘れられる権利

インターネット上における個人情報の流出や拡散にともなうプライバシーの侵害や名誉毀損が増大する中で近年注目を集めているのが、「忘れられる権利」という新たな法的概念である。これは、公開を望まない個人情報や誹謗中傷記事をインターネット検索結果から削除してもらうことで、インターネットから忘れてもらい、人からも忘れてもらう権利である。「忘れられる権利」という言葉そのものは、1966年のフランスにおけるある判決の評釈中にすでに見られるが、この権利が大きく注目されるようになったのは、2012年1月にEUの欧州委員会が第17条で「忘れられる権利及び消去する権利」を明確化した「個人データ処理に係る個人の保

護及び当該データの自由な移動に関する欧州議会及び理事会の規則」案を提案してからである。

その後、2014年5月、EU司法裁判所は、16年を経てもなおネット上に残る社会保険料滞納を原因とする自宅の競売に関する新聞記事と、その記事へのリンクが含まれるグーグルにおける検索結果の削除を求めるスペイン人男性からの訴えを一部認め、グーグルに対し検索結果の削除を命じる判決を下した。この判決の中でEU司法裁判所は、検索結果を単なるネット上の情報を機械的・自動的にインデックス化したものではなくコンテンツの一つとし、グーグルをその管理者であると判断している。この判決により、「忘れられる権利」の趣旨は広く認められたと受け止められた。

ところで、公開を望まない個人情報を、その情報が掲載されたサイトではなく検索結果から削除するよう求めるのはなぜか。そもそもデジタルデータはコピーが容易であり、他人の書き込みを引用して書き込むことが日常的なインターネットの中で情報は一瞬のうちに拡散し、何万・何十万という膨大な数のサイトやSNSに転載されることとなる。こうした状況になると、個別に削除請求を行うのは不可能である。そこで考えられたのが、検索結果の削除である。現代社会においてインターネット上の情報収集は、検索に依存している。情報が掲載された場所へのリンクを含む検索結果を削除してしまえば、公開を望まない個人情報に他者が触れるのをほぼ防ぐことができる。いわば入口を塞ぐわけである。

さて、EU司法裁判所の判決を受けて、2014年6月には日本でも訴訟が起こされ、10月には東京地方裁判所が米国グーグル本社に対し、検索結果の一部削除を命じる決定を下した。グーグル本社は当初、この決定に不服の態度を示したが、最終的には決定に従い、検索結果の一部を削除した。ただし、google.co.jpにおける検索結果のみであり、google.comをはじめとする海外のグーグル・サイトにおける検索結果は削除されなかった。

国境のないインターネットの中で、一国の検索サイトにおける検索結果を削除しただけでは不十分である。海外の検索サイトを使い検索するのは極めて容易だからである。また、公開を望まない個人情報の削除により個人の尊厳を守ることを優先すべきか、表現の自由や真実を知る権利を優先すべきかで、国により温度差もある。登場して間もない概念であるが故に「忘れられる権利」めぐっては、まだまだ課題は残る。

4．情報格差

　情報格差（デジタルデバイド Digital Divide）とは、デジタル化された情報を収集・閲覧・発信する手段や技術を持つ者と、そうでない者の間に生ずる格差を指す。

　世界の隅々までゆきわたったインターネットの利用についても格差は存在する。『平成 26 年度版情報通信白書』は、2013 年末における個人の世代別インターネット利用率について、13 ～ 59 歳までは 9 割を超えているのに対し、60 歳以上は大きく下落していること、また所属世帯年収別のインターネット利用率について、400 万円以上で 8 割をこえるとの結果が示され（**図 2**）、「インターネット利用は概ね増加傾向にあるが、世代や年収間の格差はいまだに存在する」と指摘する。

　また、身体的条件等により情報通信技術の利用に課題を抱える障がい者のインターネット利用状況について、2012 年の調査（総務省情報通信政策研究所調査研究部「障がいのある方々のインターネット等の利用に関する調査研究」2012 年 6 月）によれば、その利用率は 53% とのことである。この結果は、2003 年に行われた調査結果と比較すると31.7 ポイント増加しているが、同じ年のインターネット人口普及率 79.5% と比較すると低い。このような状況の中で、インターネットに依存している高度情報化社会では、社会生活を送るうえで必要な情報を入手できず、社会的にも経済的にも不利益を蒙る人々が現れる。

　こうした格差を是正するためには、インフラを整備するとともに、情報端末の低価格化を推し進め、だれでもがデジタル化された情報にアクセスすることのできる環境を整えることが第一である。また、使いこなすことができないという先入観から情報端末に触れるのを避ける人たち―とりわけ高齢者―のために、タッチパネルや音声認識等の技術を用い、より操作しやすい情報端末を開発する必要があろう。

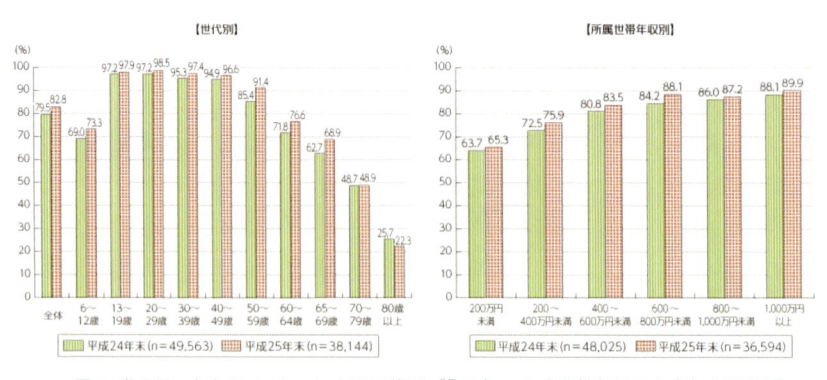

図 2　世代別・年収別インターネット利用状況【『平成 26 年度版情報通信白書』より引用】

5．災害への対応

　本節の１では、通信技術の発達により、中国西部の農村部で起きた土石流災害を、すぐに知る事ができたと述べた。この災害の場合、幸いなことに、現地の携帯基地局に被害が及ばなかったこと、また、人的被害もなかったことから、このような結果となった。だがもし、携帯基地局に被害が及んでいたならば、そうはならなかったであろう。

　高度情報化社会は、通信手段としてインターネットや携帯電話に過大に依存している社会である。それゆえ、自然災害で通信施設などが被害を受けると、たちまちに情報が遮断され、被災地により深刻な事態をもたらす可能性が高い。また、通信施設に被害が及ばずとも、被災地に対する安否確認等が一時期に集中することにより、過度の負担のかかった通信回線が使用不能に陥る可能性もある。たとえば、2011 年 3 月 11 日に発生した東日本大震災においては、「地震や津波の影響により、通信ビル内の設備の倒壊・水没・流失、地下ケーブル や管路等の断裂・損壊、電柱の倒壊、架空ケーブルの、携帯電話基地局の倒壊・流失などにより、通信設備に甚大な被害が発生した。また、商用電源の途絶 が長期化し、蓄電池の枯渇により、サービスが停止した」とされる。

　さらに、インターネットを利用し活用することができる者と、そうでない者の間に情報格差が生じたという指摘、Twitter などの SNS を通じてデマ情報が拡散したこと等も指摘されている（『平成 23 年度版情報通信白書』東日本大震災における情報通信の状況）。

　それゆえ、通信施設などのインフラ設備の防災化に務めるとともに、インターネットや携帯電話に代わる代替手段を準備するなどバックアップ機能の整備が必要である。ただし、インターネットや携帯電話に過大に依存している現状では、大きな変化を加えることなく対応していく必要があろう。そのためには、個人や組織レベルでの災害を想定した日々の訓練が重要となる。　　　　　　　（三宅 伸一郎）

【註】
1)「レコードチャイナ」2015 年 7 月 9 日記事　http://www.recordchina.co.jp/a113510.html）
2)『日本経済新聞』2014 年 7 月 9 日記事
　http://www.nikkei.com/article/DGXNASDZ09082_Z00C14A7000000/）
3)『日本経済新聞』2015 年 6 月 1 日記事
　http://www.nikkei.com/article/DGXLASDG01HCD_R00C15A6000000/）
【参考文献・関連 URL 等】
情報教育研究会・情報倫理教育研究グループ（編）『インターネットの光と影 Ver.5：被害者・加害者にならないための情報倫理入門』北大路書房、2014 年
吉富康成（編著）『インターネットはなぜ人権侵害の温床になるのか：ネットパトロールがとらえた SNS の危険性』ミネルヴァ書房、2014 年
奥田善道（編著）『ネット社会と忘れられる：個人データ削除の裁判例とその法理』現代人文社、2015 年。
神田知宏『ネット検索が怖い：「忘れられる権利」の現状と活用』（ポプラ新書 59）、ポプラ社、2015 年。

11 節　情報を扱う上で必要な倫理

1．はじめに

　情報技術の発展は、ひとりひとりの人間にできることの範囲を大きく広げた。それは便利さと危険の両方をもたらす可能性がある。ここでは、その危険を回避するために必要となる倫理 (情報倫理) について述べる。

2．情報倫理とは

① **倫理とは**　「倫理」とは、人間の行動の規範を意味し、「道徳」ということばとほぼ同じ意味で用いられる。すなわち、人間が社会の中で行動するにあたり、どのようなことをすべきか、逆にどのようなことをすべきでないか、についての基準になるのが倫理である。

② **高度情報化社会における倫理**　情報技術の進歩により、人間の行動の選択肢は大きく広がっている。その結果、古典的な倫理では想定されていない状況に直面する機会は少なくない。また、情報技術の進歩があまりに急速であることから、ユーザが自分自身の置かれた状況を正しく理解できず、そのために正しい倫理的判断を行えないということもありうる。

　人が人として何をすべきであり、何をすべきでないかという原則それ自体は、情報化社会であってもそうでなくても変わるものではない。情報倫理というのは、これまでの倫理と異なる倫理として存在するのではない。情報化社会において実際に起こるさまざまな状況に対して、一般的な倫理の原則がどのように適用され、ひとりひとりの行動の規範がどうあるべきかを明らかにするのが、情報倫理の役割である。

3．情報社会のインシデントとその背景

① **インシデント**　日本では近年になって使われることが増えた「インシデント (incident)」ということばは、危機やトラブルにつながることがら全般を意味する。おもにセキュリティに関する分野で多く使われることばで、社会セキュリティに関する用語を定義した規格 JIS Q 22300 (国際規格 ISO22300 の日本国内版) の中では、「中断・阻害，損失，緊急事態又は危機になり得る又はそれらを引き起こし

得る状況」と定義されている。

②　情報発信コストの低下とインシデント　インシデントが発生には、いくつかの要因が考えられる。まず考えられるのは、ネットワークの普及で情報発信のコストが低下したことにより、流通する情報の総量が激増したことがあげられる。情報の量が多いということは、それだけでインシデントの増加を招く。また、コストの低下は、内容をよくチェックしないままで情報を発信することにつながり、結果としてインシデントを招きやすくなる。

③　「活字」の力　また、コンピュータ技術の発展により、整形された情報を作ることが非常にて容易になった。ワードプロセッサ（ワープロ）ソフトなどを用いれば、活字体で印刷された文書を簡単に作ることができる。ウェブサイトや SNS などに書き込まれた文章は活字体のフォントで画面に表示される。

　このように整った「形」で表される情報は、それだけで、専門家による吟味を経た権威ある情報であるかのような印象を受け手に与える。しかし、そのような印象によって、根拠のない情報を信じることはインシデントの原因になりやすい。

④　「しくみ」のわかりにくさ　コンピュータやコンピュータネットワークが広く普及した理由のひとつとして、ユーザはそのしくみについて深い知識がなくともシステムを使うことができるということがある。しくみを理解していなくても使えるという特質は、一般ユーザにとっては大きな利点である。その一方で、しくみを理解しないままにシステムを利用することがサービスの誤った利用につながる可能性がある（図 1）。

4.　インシデントの例

①　フレーミング（炎上）　電子メールや電子掲示板 (BBS) は、コンピュータネットワークを利用したサービスの中でも最も古いもののひとつである。これらはユーザ同士のコミュニケーションの利便性を向上させる一方、不用意な発言などによる中傷や罵り合いが古くから起こっており、このようなインシデントは「フレーム・フレーミング (flame / flaming)」あるいは「炎上」という現象として知られている。

　フレーミングの起こる要因としては、ネットワーク上での発言コストが低く、発言内容をあまりチェックすることなく投稿が行われてしまうことや、掲示板などでは本名を明かさずに書き込みを行うことが多く、その場合、発言に対する自分の責任への認識が薄くなる、といった点が指摘されている。また、スマートフォンなどによるソーシャル・ネットワーキング・サービス (SNS) への投稿では、「友人におもしろいと思ってもらえる情報を仲間内に伝える」という意識が強く、世界中の誰もが容

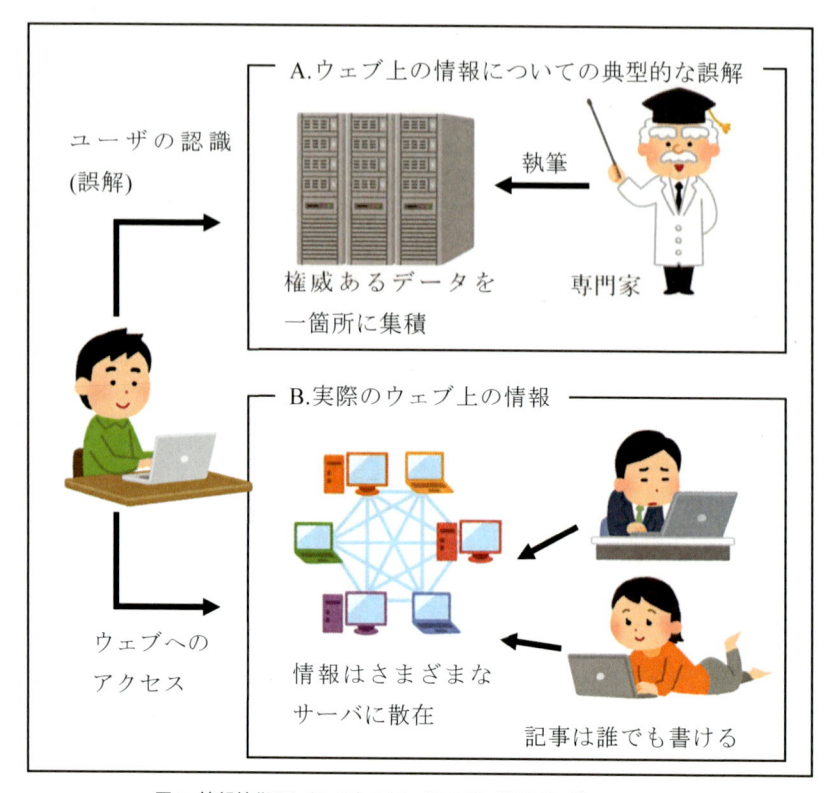

図1 情報技術のしくみのわかりにくさの例【酒井作成】

易にその投稿内容にアクセスできるという事実を見落としていたり、あるいはそのような事実をそもそも認識していないということもある。

②　反社会的行為の発信　SNS 利用の広がりとともに問題としての認知が広がった現象として、社会的に良くないとされる行動や違法な行動を自分が行ったという事実を SNS 上に書き込むという行為があげられる。問題となった行為にはさまざまなものがあるが、たとえば次のような例が挙げられる。

● 未成年が飲酒したことを投稿

● 飲食店員が、キッチンの食材を使った悪ふざけを撮影して投稿

● アルバイト先に来た有名人との職務上の対応の内容を投稿

こういった投稿の背景には、他人が行っていない行動や経験をしたことを伝えることで、賞賛や注目を受けたいという欲求がある。また、SNS を普段から友人間の連絡に用いていることから、投稿が友人間にしか伝わらないと誤解、または錯

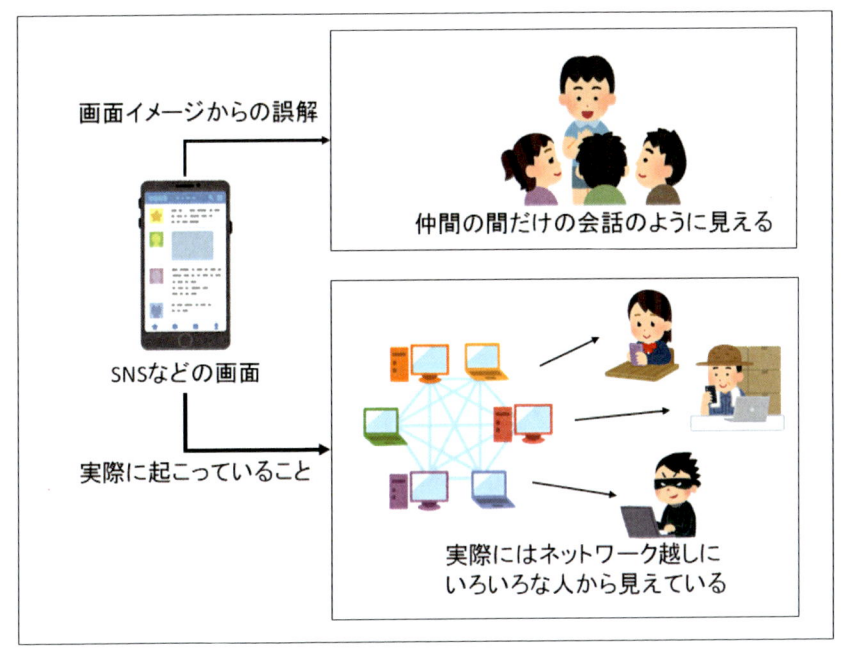

図2　SNS利用時の誤解の例　【酒井作成】

覚しているということも一因である（図2）

③　虚偽情報の拡散　情報の流通量が拡大し、SNSなどを介した情報のやり取りがさかんになった結果、やり取りされる情報の正しさが問題となっている。情報発信のコストが等しく低下している以上、虚偽の情報を発信することも容易になっている。

虚偽の情報を発信する理由には、次のようなものがある。

A. 特定の他者を攻撃したい

B. 不特定多数の他者が騙されるのを見ることに愉快さを感じる

C. 虚偽であることがわかっていない

AとBについては、自分の欲求をみたすために必要になるコストが低下していることが大きい。情報の発信が簡単にできることに加え、発信元の特定が容易でないように見え、心理的な歯止めがかかりにくい面がある。ただし、発信元の特定は実際には必ずしも困難とは限らない。

また、Cについては情報の真偽に関する見きわめができないことが問題である。ユーザにとっては情報の真偽の見きわめが負担であること、自分にとって心地よ

い情報はそのまま受け入れがちであることなどがその背景としてあげられる。また、自分が受け入れた虚偽情報を再発信することで、さらに虚偽情報の流通量が増加してしまうことも大きな問題である。

5. 情報倫理のめざすもの

① 情報技術理解の重要性 ここまで、情報システムのユーザに関わるインシデントを、その要因とともに俯瞰してきた。インシデント発生の要因は多岐にわたるが、以下の点について、ユーザの知識、認識の不足が多いことが問題である。

- 情報発信によってふるわれる力の大きさ
- 情報は多くの場合全世界に向けて発信され、訂正・削除が困難
- 流通する情報の真偽は保証されない
- 本名が明かされていなくても、本人を特定することは可能

情報技術の理解が不十分だと、こういった点は認識しにくい。その結果、自分が行う情報発信の影響力を考えずに不用意な発言をするなどして、インシデントを招くことになる。逆に、インシデントを避けるには、各ユーザが情報技術について、少なくとも基本的なしくみの部分は理解しておくことが不可欠である。

② ネチケット 情報技術に関する理解は、インシデントを防ぐための対策として必要だが、必ずしも技術的特性によらずに起こるインシデントに対しては、技術理解だけでは十分ではない。たとえば、メールのやりとりにおけるフレーミングを防止するには、文章表現を見直すことをはじめ、誤解を避けるための努力などが欠かせない。

こういった、他者とのコミュニケーションをネットワークを介して行うに当たっての、不必要な摩擦を避けるための知識は、「ネチケット」として知られる。ネチケットとは、「ネットワーク」と「エチケット」の合成語であり、文書投稿や送信などの際の基本的マナーや他者への配慮などを総称したものである。

万人に対してすべての場合に通用するネチケットを定義するのは困難であり、おそらく不可能だが、かなりの場面で通用するネチケットを作ることは可能であり、現在、いくつかのガイドラインが存在する。たとえば、インターネット技術に関する規格を収めた文書集である RFC(Request for Comments) の中には、RFC1855 というネチケットガイドラインが定義されている。

ネットワークを利用したコミュニケーションでは、日々新しい技術や新しいサービスが生まれている。こうした新しいサービスなどでは、独自の新しいローカルルー

ルが生まれやすい。そのようなローカルルールはしばしば旧来のルールやマナー
と衝突し、インシデントの原因にもつながるので、新しいサービスと旧来のネチケッ
トの整合性を維持する努力を続けることが必要である。

③ 承認欲求の問題　インシデントについてのユーザ側の問題としては、人間は
賞賛や注目を受けるなどして認められたいという、「承認欲求」を持つということが
ある。承認欲求それ自体は、人間のもつ欲望としては自然なものである。そして、
低コストでの情報発信が可能になったということは、ひとりひとりの人間が承認欲求
をみたす有力な手段を手に入れたことを意味する。しかし、そのことがまさに、さ
まざまなインシデントの要因にもなっている。

　現在の情報技術の多くは、そのサービスをどう活用するかはほぼユーザ自身の
判断に任されている。この自由さは、ユーザの創造性にもつながるので、一概に
これを否定することは望ましくないが、ユーザの必要に応えつつ、インシデントを
できるだけ避けられるようなシステム設計が今後求められる。

6. まとめ

　情報技術の発展は、便利さと同時に、ユーザがインシデントに巻き込まれる危
険ももたらしている。インシデントの発生要因としては、情報発信コストの低下、人
間が情報を信用しがちであること、情報技術のわかりにくさ、新しい概念が次々に
生まれること、などがあげられる。現在、コンピュータネットワークを利用したコミュ
ニケーションにおいて、さまざまな形でのインシデントが起こっている。

　各ユーザは、受信した情報の内容を吟味し、また、発信に際しては、自分が
他社に与える影響力を自覚する必要がある。そのためには、情報技術を正しく理
解することが不可欠である。また、情報機器を利用しているとき、目の前にあるコ
ンピュータやスマートフォンのような機器だけが視界に入っているが、ネットワーク
の向こう側にはやはり人間がおり、情報の受信や発信をしているということを意識
しておく必要がある。こうした認識をふまえた情報倫理を確立し、共有することが、
情報社会の成果を享受するためには不可欠である。　　　　　　（酒井　恵光）

【参考文献】
IETF. "RFC 1855." 1995 年 10 月. 〈https://tools.ietf.org/html/rfc1855〉.
ジョゼフ・M・キッザ. IT 社会の情報倫理. 訳 長安幸正大野正英. 日本経済評論社, 2001.
越智貢, 編 情報倫理学入門. ナカニシヤ出版, 2004.
情報倫理教育研究グループ, 編 インターネットの光と影:被害者・加害者にならないための情報倫理入門.
北大路書房, 2014.
馬渕浩二. 倫理空間への問い 応用倫理学から世界を見る. ナカニシヤ出版, 2010.
矢野直明. IT 社会事件簿. ディスカヴァー・トゥエンティワン, 2015.

12節　知的財産権について

1．はじめに

　世の中には、便利なアプリや楽しいマンガなど、人間の日々の営みを彩るコンテンツが沢山溢れている。だがそれは、本当に利用可能なものだろうか。

　残念ながら、多くのコンテンツが作者や周囲の意に反した利用や販売の脅威にさらされている。この章では、コンテンツの権利である知的財産権に焦点をあて、基本的な考え方と、二次創作上の考慮を示す。

2．知的財産権とは何か

　「財産」とは何かを法的に理解するために、砂を例にしよう。川底に滞留する大量の砂は、誰もそれを自分のものとしたがらない。大雨が降れば堤防決壊の遠因となり、多くの人に損害を与え、その補償を持ち主が負担しなければならない可能性のある厄介なものだからである。ところが同じ川砂でも、砂金混じりであれば、途端に自分のものとしたがる人が出てくる。大量の川砂から砂金を沢山採って一攫千金を狙いたいとか、あえて少しの量を所持しそこに砂金が混じっているかも知れないという夢を見たいだけなど、その理由は種々あろうが、つまりは何らかの価値が見いだされたからに他ならない。ここから、自分のものとする − つまり所有することと、価値の有る無しは、密接に結びついていることがわかる。

　つまり、財産とは誰かに何らかの価値を見いだされたものであり、人であれ団体であれ、誰かが所有しているものをさす。この「もの」とは法律上は形あるもの、すなわち有体物のことをさす。

　その財産になぜ「知的」という言葉がつくのだろうか。またしても砂を例にしよう。厄介者の単なる川砂を、安全かつ効率的に不要な分だけ、しかも安価に排除する仕組みを考えだした人がいたとする。すると、その人のもとに河川工事が依頼されるかも知れない。そうなれば、川砂そのものは相変わらず無価値のままだが、それを利用するアイデアは金銭に替えうる価値を持つことになる。しかし、アイデアそのものには形が無い。財産を有体物のみに限れば、金銭に替えうるはずのアイデアを法的に守ることができなくなる。

　そこで、人間の知的な活動からしか生まれ得ないアイデアや発明や創作などに

も、財産的な価値を法的に認めようという動きが生じた。このような発想のもと、有体物ではない財産、つまり無体財産という概念が生まれた。この歴史を知れば、無体財産とは、つまり、知的財産のことであると容易に理解できよう。

　知的財産に関する権利、つまり知的財産権とは、無体財産に対し認められる、あるいは制限される権利のことである。知的財産権は、具体的な権利内容に対しては、個別の法律が存在する。従って、「知的財産法」という法律は存在しない。もっとも、それではあまりにも広範囲を対象としすぎるので、その権利を守ることで社会にもたらされる利益により、大まかに分類される。

　最後に、法律を考える上で是非とも注意すべき点をあげたい。人間の知的活動は、それが前進であれ後退であれ、社会を動かす。社会が動けば、守られるべき権利や制限もまた動く。権利や制限を守るための法律や政令（あわせて法令という）は、それに追随して改廃や新設がなされる。このように、法律とは一度制定されれば内容変更が許されない盤石の存在などではない。最近の例では、環太平洋パートナーシップ（Trans-Pacific Partnership、略称 TPP）協定の結果が、複数の国内法に大きく影響を与えることで話題となった。

　最新の法令改正・新設情報は官報に掲載される[1]。官報掲載から少し遅れて、e-Gov に反映される[2]。改正・新設のポイント解説は所管官庁が掲載するので、個別にチェックする必要がある[3]。外国の知的財産権関連の法制度についても日本語と英語の訳（参考仮訳）が提供されている[4]。

2. 知的財産権の分類と参照先

　知的財産権が設定される最大の理由は、社会を発展させるためである。そのためには一人でも多くの人にアイデアを出したいと思える環境を整える必要がある。そのために考えだされたのが、何らかの良い動機づけ（インセンティブ）を与えることであ

分類	権利名	法律名	所管官庁名
産業財産権	特許権	特許法	特許庁 5)
	実用新案権	実用新案法	
	意匠権	意匠法	
	商標権	商標法	
	著作権	著作権法	文化庁 6)
	回路配置権	半導体集積回路の回路配置に関する法律	経済産業省 7)
	育成者権	種苗法	農林水産省 8)
		不正競争防止法	経済産業省 9)

表1　知的財産の分類・権利名と対応する法律・所管官庁名　【柴田作成】

る。具体的には、一定期間を設けてその間に独占的な権利（例えばライセンス契約でお金を儲けるチャンスを許すなど）を与えている。

　社会のどの方面を発展させたいかによって、法令を大まかに4つに分類することができる。1つは産業面であり、これに分類可能な権利は「産業財産権」と呼ばれる。もう1つは文化面であり、著作権がこれにあたる。また、その2つには分類できない各種権利があり、回路配置権や育成者権などがこれにあたる。さらに、これら知的財産権を利用した独占的な権利行使とそれが侵害された時の救済策に関連する法律群が存在し、不正競争防止法がこれにあたる。

　なお、各省庁の担当課は組織改編や名称変更により、変わることがある。また、「半導体集積回路の回路配置に関する法律」と、「著作権法」の中に含まれるプログラム著作については、ソフトウェア情報センターに解説が掲載されている[10]。

3．実例から学ぶ知的財産権の意義

　知的財産権関連分野は成長可能性の高い産業である。特にコンテンツ産業は、これからの重要産業として各国が支援に力を入れている[11]。コンテンツ産業は若者にとっても身近なものであると想定される。そこで本節では著作権を中心に、知的財産権が実は身近なものであり、学ぶ意義がある領域であることを示したい。

　著作権に限らず、知的財産権の振興政策は国を問わず、時代によって保護面を強化したり、反対に社会ができるだけその利益を共有できるよう保護を緩くしたりと、振り子のように揺り戻しを何度も繰り返して今に至る。例えば、1790年に制定された時点では14年の長さしか無かったアメリカの著作物の有効期間は、2015年現在、発行後95年にまで延長されている（但し1977年迄に発表された法人著作が対象）。著作権（コピーライト）が保護強化される一方のアメリカで、それに対抗する自由な利用（コピーレフト）の主張が高まったことは、当然の流れだったといえよう。

　プログラマーのリチャード・ストールマンは概念としてのコピーレフトを実際に社会が享受できる形にすべくGNUプロジェクトを創始し、1985年にGNU宣言を発表する。彼らの目的は「わたしたちのミッションは、コンピュータ・ソフトウェアを利用、研究、コピー、改変、再配布する自由を維持、保護、促進し、自由ソフトウェアの利用者の権利を擁護することです。」という一文で端的に表現されている[12]。

　憲法学者のローレンス・レッシグもフリーソフトウェア文化を支持し、アメリカでクリエイティブ・コモンズ（略称cc）を発足させる。2002年には具体的な、かつ新

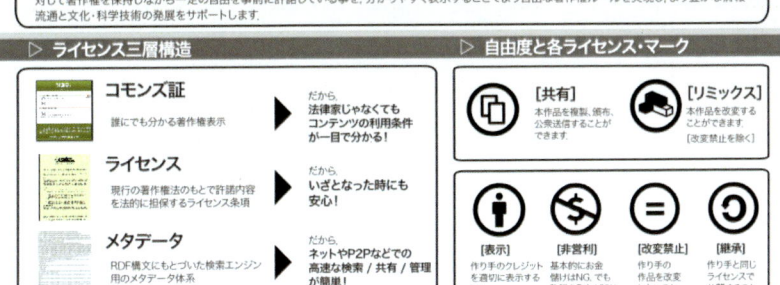

図 1. Creative Commons の全体像の概要（https://creativecommons.jp/faq/ より）

しい自由なコンテンツのための利用規約である cc ライセンスを発表した [13]。2003年には、cc ライセンス V2.1 が日本で発表された [14]。日本の文化庁は 2013 年にコンテンツの二次利用のための独自ライセンスの策定を断念、cc ライセンスを支援する方針を決定する [14-1]。cc ライセンスの全体像の概要については、**図 1** がわかりやすい。

　日本では、二次創作を含めた同人誌活動が有名である。1975 年、推定参加者数 700 名で始まったコミックマーケット（通称コミケ）は 2007 年以降 50 万人を下回ることがないほどの参加者を迎え、全国から集まる彼らがもたらす経済効果は無視できない。しかし著作権法の観点からは、ほとんどの作品が二次利用許諾を受けていないことが問題視されている（著作権が、権利者の申し立てによりはじめて法的に問題ありと認知される「親告罪」であるため、ほとんどの権利者が異議申し立てをしないだけである）。

　そのような中、音声プログラム「Vocaloid」を利用した「初音ミク」のキャラクター利用に対する例をみない緩やかな許諾設定 [15] と、キャラクターの 3DCG モデルを動かすためのフリーソフトウェア「MikuMikuDance」[16] 立て続けに発表された年が 2008 年であったことは興味深い。それらの創作発表の場はおもに「ニコニコ動画」が担った。クリエイターの囲い込み施策である「MMD 杯」の創設と、そ

れを可能にする利用規約「ニコニ・コモンズ」[17]の創設によるクリエイター保護が、その後のボーカロイド楽曲とそのビデオクリップの爆発的な増加の原動力となった。初音ミクの事例は、ストールマンの目指す「権利者の権利保持と自由な再利用のバランス」が日本文化に根ざす形で適切に行われた事例といえよう。

　マンガ界に目を戻すと、絶版マンガの電子書籍を 2012 年に『ブラックジャックによろしく』の著者である佐藤秀峰が、著作権の二次利用フリー化を発表し話題となった[18]。2013 年には、絶版マンガのフリーダウンロードサイトも運営する赤松健が黙認マーク「CV」（connivance、黙認）をクリエイティブ・コモンズに提案、文化庁からの支持も取付けた[19]。この背景には、TPP による著作権の非親告罪化に対する、赤松が理事をつとめる日本漫画家協会の強い懸念があった[20]。結果として TPP での非親告罪化は見送られたが、赤松をはじめとした権利者からの働きかけが無ければ、若者が現在享受している二次創作サイトは軒並み閉鎖を余儀なくされた可能性が高く、日本の二次創作文化とその経済波及効果もまた壊滅的な打撃を受けただろう。

　変更後　著作権の基本理念は、作者の許諾の無い一部又は全改変を許さない。しかし、二次創作の作者の多くはコンテンツビジネスの素人であり、彼らの創作活動は営利を目的としない趣味の範疇である。彼らに非常に煩雑な利用申請を行うことは実質的に難しい。一方で、二次創作は無視できない規模の経済活動を生み出している[21]。現状では著作権者から黙認というグレーな扱いをされる二次創作に、ゆるやかな二次許諾申請の仕組みが整うことは、社会の発展に重要である。

　一方で、ICT 技術の発展により他者の著作物を複製することが容易になったため、適法な行為かどうかを考えることなく複製し、しかも自分の著作物のように発表する不正な事例が増えている。しかし同時に、著作物の適正性を見分ける技術も機会も増えている。不正な著作物をコンテストに提出して例え入賞しても、個人情報と不名誉な経歴を自ら社会に流すだけであり、結局は取り消される。最近では著名な写真家の作品を自分のものとしてコンテストに提出した事例があり、発表後に外部からの指摘を受けた主催者は入選を取り消した[22]。二次創作を行う場合も利用規約や法律に沿い、わからなければ著作権者に問い合わせるべきである。

　本節では日本の若者にとって身近と思われる著作権の二次創作問題を取り上げた。しかし、食卓にのぼる食材、学校と自宅との間の交通機関、医薬品など、日々の生活は種苗法・特許法・実用新案法等のさまざまな法律で守られた権利に囲

まれている。本来の権利者の尊厳と社会の発展のより良いバランスについて、国民一人ひとりにその在り方を考える責任があることを理解して貰いたい。

（柴田 みゆき）

【註】
1) 独立行政法人国立印刷局「官報」 https://kanpou.npb.go.jp
2) 総務省行政管理局「e-Gov」 http://law.e-gov.go.jp/cgi-bin/idxsearch.cgi
3) 首相官邸「各府省の窓口」 http://www.kantei.go.jp/jp/link/madoguchi.html
4) 特許庁国際協力課「外国産業財産権制度情報」
   https://www.jpo.go.jp/shiryou/s_sonota/fips/mokuji.htm
5) 特許庁「経済産業省特許庁ホーム」 https://www.jpo.go.jp/indexj.htm
6) 文化庁「著作権」、http://www.bunka.go.jp/seisaku/chosakuken/
7) 経済産業省商務情報制作局情報通信機器課「商務情報制作局」
   http://www.meti.go.jp/intro/data/akikou08_1j.html
8) 経済産業省経済産業政策局知的財産政策室「不正競争防止法」
   http://www.meti.go.jp/policy/economy/chizai/chiteki/index.html
9) 農林水産省食料産業局知的財産課「農林水産省品種登録ホームページ」
   http://www.hinsyu.maff.go.jp
10) 一般財団法人ソフトウェア情報センター http://www.softic.or.jp/index.html
11) 経済産業省商務情報政策局文化情報関連産業課（メディア・コンテンツ課）「コンテンツ産業の現状
   と今後の発展の方向性」
   http://www.meti.go.jp/policy/mono_info_service/contents/downloadfiles/1401_shokanjikou.pdf
12) フリーソフトウェアファウンデーション「GNU 宣言」 http://www.gnu.org/gnu/manifesto.html
13) creative commons, "History" https://creativecommons.org/about/history
14) creative commons Japan『沿革』、
   http://creativecommons.jp/about/history/
14-1)『文化庁、CC ライセンスを支援へ 独自ライセンス構築は断念』
   ITmedia ニュース、2013 年 3 月 27 日 http://www.itmedia.co.jp/news/articles/1303/27/news105.html
15) クリプトン・フューチャー・メディア株式会社「piapro」 http://piapro.jp
16) VPVP wiki「MMD 年表」 http://www6.atwiki.jp/vpvpwiki/pages/52.html
17) ドワンゴ「ニコニ・コモンズ」、http://commons.nicovideo.jp
18)『人気マンガ「ブラックジャックによろしく」の出版契約が解除…絶版に 作者が明かす』シネマトゥデ
   イ 2012 年 4 月 27 日 http://www.cinematoday.jp/page/N0041642
19)『「警察の萎縮効果狙う」赤松健さん、2 次創作同人守るための「黙 認」ライセンス提案 (1/2)』
   ITmedia ニュース http://www.itmedia.co.jp/news/articles/1303/28/news093.html
20) 日本漫画家協会『トークイベント「TPP の著作権条項を考える〜非親告罪化、保護期間延長、そし
   て法定賠償金〜」開催』 http://nihonmangakakyokai.or.jp/?tbl=event&id=5418
21) AbemaTimes「『赤字作家が 8 割』『高額転売ヤーの暗躍』市場規模 180 億円に成長したコミケの実
   態に迫る」2018 年 1 月 6 日 https://abematimes.com/posts/3489821?categoryIds=656208
22) 株式会社タムロン『「第 9 回タムロン鉄道風景コンテスト」入賞発表についてのお詫び』
   https://www.tamron.co.jp/news/release_2016/0926.html

【さらに理解を深める推奨書籍】
1) 土肥一史『知的財産法入門』、中央経済社。毎年、版が変わるので最新のものを入手するように注
   意して欲しい。
2) 判例百選シリーズ、有斐閣。知的財産権分野として、特許、著作権、商標・意匠・不正競争、知
   的財産判例精選の 4 冊が存在する。
3) ローレンス・レッシグ著、山形浩生訳『REMIX ハイブリッド経済で栄える文化と商業のあり方』、翔泳社。
   レッシグの最新著作。
4) 神田知宏『ネット検索が怖い：「忘れられる権利」の現状と活用』（ポプラ新書 59）、ポプラ社、2015 年。

第 5 章　人文科学と情報技術の協業

13節　仏教文献とデジタル化の歴史　—人文学＋情報学の一例として—

1．はじめに

　仏教文献のデジタル化は、最初、仏教研究の一環として始まったが、現在では、多くの仏教徒が仏典を利用するための便利なツールとして広く普及している。仏教研究者が主導して開発してきたデジタル化の技術は、今や各宗教宗派が自分たちの常用する経典を積極的にデジタル化するために使われている。さらに布教のためのプレゼンテーション、動画配信にも積極的にデジタル技術が利用され、かれらの宗教活動を支えるものとなっている。

　仏教は世界三大宗教（他にキリスト教、イスラム教）よりも歴史が古く、世界中に広まっているために、経典は多くの言語に訳され、膨大な文献が作られてきた。仏教に関する人文情報学的なアプローチは、何よりも文献やテキストを情報処理技術によってどのように処理するかという点から行われ来た。本章ではその歴史を振り返る。

2．仏典の歴史

　仏教は、紀元前5世紀頃インドに生まれたガウタマ・シッダールタ（釈迦族の尊者の意味で釈尊と呼ばれる）が自らの修行の中で悟った真理を5人の修行者に説いたことから始まった。その後仏教は、インドのみならず、スリランカから東南アジア、あるいは中央アジアから中国・韓国・日本、そしてチベットからモンゴルに伝わり、世界宗教の一つとなった。インドでは1203年にイスラムの破壊にあって滅んだが、周辺の多くの地域では現在に至るまで仏教の伝統が続いている。

　釈尊は45年にわたって多くの法を説いた。釈尊入滅後、弟子たちはそれらの教えが散逸しないよう、一堂に会して各々記憶している釈尊の説法を唱え確認した。これが第一回仏典結集（けつじゅう）である。その後、インドでは4回の仏典結集が行われた。釈尊の説いた言葉は仏教徒の守るべき規律をまとめた「律」と教えを説いた「経」とに分けられた。インドでは音としての言葉が聖なるものと考えられていたため、仏典は口頭で伝えられたが、記憶違いによる混乱が生じるようになったので、後に文字に書き残されるようになった。仏典結集はその後も何度か行われ、「経」に対する弟子たちの解釈が「論」として付け加えられ、経蔵、

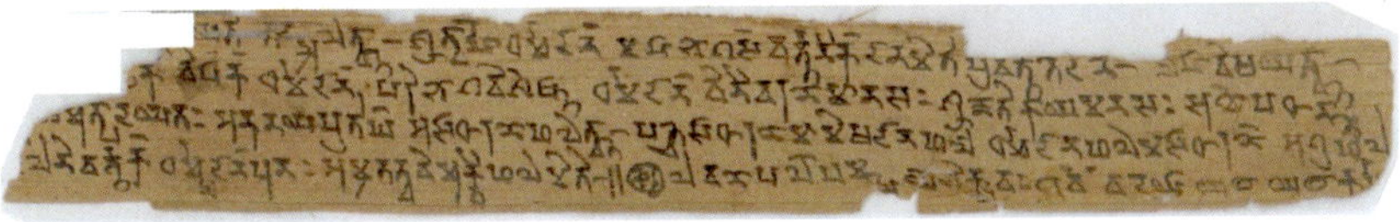

図1　仏教経典の初期注釈書。貝葉（ばいよう）（オウギヤシの葉）にブラーフミー文字（インドの文字の一種）で書かれている。2−3世紀頃のものと推定される。バーミヤン出土。
【スコイエン・コレクション（ノルウェー）。佛教大学松田和信教授提供。】

律蔵、論蔵の「三蔵」となった。最初の仏典結集では釈尊の活動地域であったマガダ国の言語が使われていたが、布教の地域が拡大するにつれて、中部インドの俗語パーリ語に直された。仏教がスリランカを経て東南アジアに伝わるともに、仏典もパーリ語のまま、それを現地の文字で書写して伝えられた。

　紀元前後には、『般若経』や『浄土経』、『法華経』などの大乗仏典がインドの学術言語サンスクリット語で製作された。大乗仏典は集成されることなく、それぞれの経典が別々のグループによって伝えられた。インドのみならず、中央アジアにおいても大乗仏典が作られ、2世紀頃までには初期大乗仏典が成立した（図1）。

　仏教は2世紀頃には中国に伝わり、仏典は漢訳されて、朝鮮を経て、6世紀には日本にも伝わった。この段階ではまだ、仏典がまとまった形で「大蔵経」として集成されることはなく、個々の経典が別々に漢訳されていた。

　インドでは6世紀頃から膨大な数の密教経典が作られていった。これらはほとんど漢訳されなかったが、7世紀ころに仏教が伝わったチベットでは、これら後代の仏典も含め、ほぼ全てのインドの仏教文献がチベット語訳された。多くのサンスクリット語原典が失われた今、それらは貴重な資料となっている。チベットには「大蔵経」という呼称はなく、釈尊の説いた「仏語の訳されたもの」と仏弟子たちの書いた「論書の訳されたもの」に分けられている。チベット人の書いた仏教書は、さらに膨大な数にのぼる。チベット語で書かれた文献のほとんどは仏教書であった。

3．各言語の仏典出版の歴史

　仏教の研究の中心となる仏典のテキスト研究には、テキストの校訂や訳注などの文献学的な研究と、思想的な研究とがある。18世紀末からヨーロッパにおいて近代的な仏教学研究が始まった時、まずサンスクリット語の原典を校訂出版することが最初の課題となった。サンスクリット語仏典のほとんどはインドでは失われていたが、ネパールに仏教の伝統が残っており、また中央アジアの遺跡やチベットの僧院で写本が発見され、チベット語訳や漢訳と比較しながらサンスクリット語文献が

図2　クドードー・パゴダにある大理石に刻まれたパーリ語三蔵。【出典：Wikimedia Commons（GNU Free Documentations Licence）https://commons.wikimedia.org/wiki/File:Kyauksa.JPG】

校訂出版された。現在でもまだ新たな写本を用いた校訂出版が続いている。

　パーリ語の三蔵については、1881年にロンドンにパーリ聖典協会（Pali Text Society, PTS）が設立され、ローマ字転写されたテキスト、翻訳、辞書などが刊行されてきた。

　パーリ語仏典が伝わった東南アジア諸国の中でビルマ（現在のミャンマー）では、PTSよりも早く1871年にミンドン王の支援の元で王都マンダレーにおいて第5回仏典結集が行われた。2000人以上の長老比丘が集まり、150日間にわたって三蔵が読み上げられ、伝承の確認と誤りの修正が行われた。

王はその結果を729枚の大理石に刻み、王都のクドードー・パゴダに安置した（**図2**）。ビルマはその後長い植民地時代を経て1948年に独立し、1954年から2年をかけて第6回仏典結集を行った。今回は世界中から仏教徒や学者を招き、大理石に刻まれた三蔵の他にパーリ聖典協会のテキストも参照しながら校訂を行い、その結果はビルマ文字で40巻の三蔵として出版された。

　漢訳仏典の大蔵経は、古くは10世紀頃から編纂されてきた。明代や清代には皇帝の命によって大蔵経が刊行された。日本でも江戸時代初期に、幕府の指南役であった天海大僧正（だいそうじょう）と京都の黄檗山（おうばくさん）万福寺の鉄眼禅師（てつげんぜんじ）が木版で大蔵経を刊行した。明治以降は活字による出版となったが、そのうち現在広く用いられているのは、1924年から10年間かけて刊行された『大正新脩（しんしゅう）大蔵経』である。

図3 大谷大学図書館所蔵の北京版チベット大蔵経。各巻の最初のページにはカラーの仏画が
描かれている。木枠は表紙の役割を果たしている。
【大谷大学図書館所蔵。http://web.otani.ac.jp/ttpdb/5224.pdf】 大谷大学図書館許諾済

　チベットでは 14 世紀初頭に、経部と論部それぞれが収集校訂されて写本の大
蔵経が成立したが、現在は失われている。明朝の永楽帝のときには木版印刷で
刊行され、その後も北京で何度か改訂され印刷された（『北京版西蔵大蔵経』）。
18 世紀にはチベット国内でも複数の大蔵経が木版あるいは写本で作られた。チ
ベット人僧侶の書いたものも含めチベット語仏教文献は、20 世紀前半にヨーロッ
パの探検隊や研究者、日本人の僧侶が持ち帰り、学界に知られるようになった。
日本では、大谷大学、東北大学、東洋文庫、東京大学などに所蔵されている。
これらの文献は各機関に行って閲覧しなければならず、また閲覧が制限されてい
たため、限られた研究者しかアクセスできなかった。その中で、大谷大学所蔵の
北京版西蔵大蔵経が 1955 年〜 1961 年に影印で刊行され、研究者が容易にチ
ベット語大蔵経を参照できるようになった（図3）。
　中国のラサ侵攻を受けて 1959 年にダライラマ 14 世がインドに亡命して以降、多
くのチベット語文献が国外に運び出された。アメリカは難民支援の一環として、そ
れらの文献の出版助成を行ったため、そのほとんどが影印で出版された。その
数は、それまで知られていた文献量をはるかに凌ぐものであった。アメリカは発行
部数の半数を買い取りアメリカ議会図書館を初め全国の大学図書館などに配布し
た。それらは、元の本が絶版になった後もマイクロ・フィッシュに収められセットで
頒布され、貴重な文献が容易に参照できるようになった。

4．仏典のデジタル化
　1990 年代以降、これらの仏典のデジタル化が進められることになる。仏典のデ

図4 チベット仏教資料センター（TBRC）のトップページ
【http://www.tbrc.org/】

ジタル化には、全文テキストをコンピュータ入力した電子テキストと、写本や木版本をスキャンして PDF 化したものとがある。電子テキストは、膨大な文献を簡単に検索できるところに最大の価値がある。以前は、一つの単語の用例を調べるため、人間が限られた文献を目で確認するしかなかった。それが大蔵経全体、あるいは大部のテキスト群が入力されると、一瞬でその用例の全文検索ができるようになり、文献研究のスタイルは大きく変わった。もう一方の PDF 化は、原資料の保存・整理と閲覧・配布を両立させることができるという点に価値がある。これによって仮想的な電子図書館が構築されることになった。

ミャンマー（ビルマ）で 1954 年から 1956 年まで行われたパーリ語仏典の第六回結集の結果は、当初ビルマ文字で印刷出版されたが、その後、1990 年代にヴィパッサナ研究所でローマ字転写を含む 9 種類の文字に直され電子テキスト化

し「パーリ三蔵」の Web サイトで公開されている [1]。

漢訳大蔵経に関しては、『大正新脩大蔵経』の電子化を目標に 1994 年大蔵経テキストデータベース研究会（SAT）が発足し、日本の大学の仏教学科や仏教支援団体が協力して入力し、1993 年には最初の版が公開された。現在は 2018 年版が SAT の Web サイトで公開されている [2]。1998 年に台湾で開設された中華電子仏典協会（CBETA）では『大正新脩大蔵経』の他、1905 年に日本で刊行された『卍続蔵経 (まんじぞくぞうきょう)』のデータも公開されている [3]。

チベット語文献に関しては、1988 年にアメリカでアジア古典入力プロジェクト（Asian Classic Input Project, ACIP）が始まり、主に南インドに再建されたチベット仏教寺院でテキスト入力が行われた。チベット語大蔵経のほか、膨大な数のチベット人著作の仏教文献のデータが ACIP のサイトで無料で公開されている [4]。

現在もっとも活発に活動しているのは、1999 年設立のチベット仏教資料センター（Tibetan Buddhist Resource Center, TBRC。現在は Buddhist Digital Resource Center, BDRC と改名）である（**図 4**）。TBRC は 1960 年代から亡命チベット人の出版援助を推進してきたアメリカ議会図書館デリー支部のジーン・スミスの蔵書を基に作られ、その後も精力的に文献を収集、スキャンし PDF 化して配布している。紙の出版物には数量に限りがあるが、PDF であれば、必要なだけコピーをして配布することができる [5]。

TBRC が PDF 化した文献は、各種の大蔵経はもとより、中国以外で影印出版されたほぼ全てのチベット語文献であり、TBRC のサイトでその全ての文献にアクセスができる 。また TBRC は、各々の文献の書誌目録のみならず、著者についてのデータ、全集の中の個々のテキストの目次に至るまでオンラインで参照できるデータベースを構築している。これは、従来の図書館の書誌データベースをはるかに超える詳細なデータである。さらに最近は OCR による文献の電子テキスト入力も精力的に行い、電子テキストの検索も部分的に可能になっている。このように TBRC は、仏教文献のコンピュータ利用の最も進んだ理想的な電子図書館の例であると言えよう。 　　　　　　　　　　　　　　　　　　　　（福田 洋一）

【註】
1) パーリ語仏典の電子テキストを公開している「パーリ三蔵」のホームページ http://www.tipitaka.org.
2) 「大正新脩大蔵経」テキストデータベースのページ http://21dzk.l.u-tokyo.ac.jp/SAT2018/master30.php
3) 中華電子仏典協会のホームページ http://www.cbeta.org.
4) アジア古典入力プロジェクトのホームページ http://www.asianclassics.org.
5) チベット仏教資料センターのホームページ http://www.tbrc.org.

14 節　電子書籍の出現と発展

1．はじめに

　本書の第 5 節では、本（図書・書籍）の歴史について観てきた。本は、人類が備え持つ高度なコミュニケーション能力（言語・文字）の前提の上に立つひとつの傑作的発明であるといってもよいだろう。そのシンプルな構造や仕組みにより、長い年月にわたり、人々に支持され、使用されてきた。いわば、20 世紀までの人類の歴史の中で、その知的生産活動の根幹を支えてきたと言っても過言ではないツールであり、またアーカイブである。

　本を介して、私たちは遠い国に住む人、あるいは遠い過去の人たちの思想・意見・研究などの内容を知ることができる。また、それを持ち運ぶことで、自由にそれを何度も読み返すことができる。また、絵図や写真などを取り込むこともできるので、ビジュアルな情報伝達手段としても有効な存在であった。

　ところが、21 世紀に入る前後より、従来の本という存在を覆すスペックの代替となるものが出現・台頭をし始める。それが、いわゆる電子書籍 である。電子書籍の形態にはいろいろな種類があるが、大まかにその特徴をとらえると、第一点としては携帯型の端末を用いて電子的情報に置き換えて記憶させたコンテンツを読めるようにしたものである点、そして第二点目としては、最近のものとしては、通信機能が充実した結果、新たなコンテンツの取得・更新が可能で、中には代金等の電子決済の機能も持つものもある。このほかにも、ユーザーの好みにあった諸設定が選べるという機能も併せ持っている。

　こうした電子書籍が最近になって世の中に受け入れられるようになったのはなぜか、またそれらより今後の本はどのようになっていくのかなどについて、本節では考察してみたいと考える。

2．電子書籍の構想・歴史と経過

　本の情報を電子化する、あるいは携帯型の端末でそれを利用する、という構想は少なくとも 20 世紀終盤の段階では。様々な構想として提示されてきていた。さまざまな提案が電機メーカーなどからされているが、現実に初めて製品化されたものとしては、1990 年に発売されたソニーのデータディスクマンであろう（**図 1**）。

折から、ソニーでは 1980 年頃より発売して大ヒット商品となった「ウォークマン」と称するポータブルカセットテーププレーヤーがあり、これにより外出先でも音楽が楽しめるようになり、当時の若者や音楽愛好者の間で携帯型端末を使用してコンテンツを楽しむという環境が形成された。この「ウォークマン」は、その後カセットテープに代わって出現した CD や MD などの媒体にも適合しつつ、新たな商品を輩出しつづけたが、やがて取り出し型の記録媒体を使用する方法ではなく、内蔵する

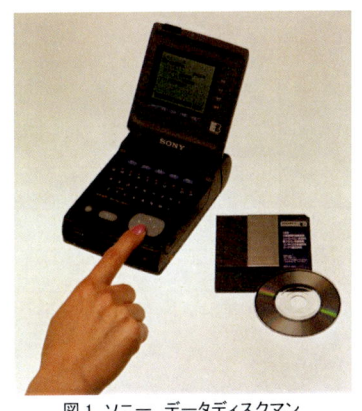

図 1　ソニー　データディスクマン
【ソニー許諾済】

記憶媒体に音楽情報を記憶させて使用するという方向へと変化した。

　その背景には、1990 年以降のパーソナルコンピューターの普及とそれに伴う発展の過程の中で、メモリー装置の大容量化と小型化の開発競争が行われた結果、それまで「ウォークマン」により形成されていた携帯型音楽再生機器の世界にも、それらの技術の移転活用が行われた結果ともいえよう。

　こうして、音楽コンテンツの世界では内蔵型記憶媒体の端末が急速に普及すると、今度はコンテンツの配信方法にも変革が起きて、インターネット環境でのデータ配信という技術の確立や、代金の電子決済というセキュリティを伴った制度の安定的運用が可能となるなどの環境整備もあり、今や大半の音楽コンテンツはネット経由で配信され、決済されている。かつて、20 世紀終盤頃まではレコード店でレコードもしくは音楽カセットテープか CD・MD といった媒体に入った音楽データを購入して、それを適合する機器や端末で利用するというスタイルであったものが、今ではごく一部の骨董的な商品流通を除いて、このように変化している。

　さて、音楽コンテンツにおけるこのような相次ぐ端末の小型化・携帯化・通信機能保持という流れは、結果として本の世界にも大きな影響を与えたと考えている。すなわち、当時の音楽コンテンツの流通販売業態と書籍の流通販売業態には、いくつかの共通点があった。まずは双方とも著作権が関係している商品であること、また商品の本質はデータであり、図書は文字であるのに対し、音楽は音声という点で異なるだけである。音楽は再生装置が必要であり、また本は読むためのプラットフォームが必要である。音楽再生は、20 世紀中盤より電気製品に依存せざるを得なかったために、その分商品の電子データ化と配信方法が比較的早く進

年代	できごと
1990年代	電子ブックプレイヤー「データディスクマン(ソニー)」の登場
	CD-ROM記録メディアの普及
	web上での有料コンテンツ配信 → この時にはあまり普及せず
	テキストファイルによるコンテンツ供給 → 青空文庫などで著作権切れ作品などを紹介
2000	有料コンテンツの増加 → 課金・本人認証システムの整備に伴う環境の整備
2010年代前半	iPadなどのポータブル端末・スマホや専用ブックリーダーの普及 → 本格的普及の兆しあり
	Amazonの台頭と市場への影響力の増大、専用リーダー(Kindle)の開発

表1　電子書籍の歴史年表 【武田作成】

挺した。しかし、図書については長きにわたり人の使用になじんだ存在でもあることがまず大きく、ユーザー自身による読書形態を本から携帯端末に移すという変革への決断が必要であったことが、些か遅らせる状況になったものとも考えられる。

　このほか、音楽と異なる点は、本の場合は内容等によっていろいろな使用形態がある点であろう。たとえば、必要に応じて必要箇所のみを見る辞書などのような使い方もあれば、読み切り方でひとつの文章を読んでいくタイプの本（文芸書等）、さらには必要な一節のみを読み引用するもの（地図・論文集等）があり、更には図像主体のマンガなど、それぞれ使用形態が異なるので、音楽コンテンツのように単に再生行為に集約できない点もあるかもしれない。

　しかしながら、こうした本の特性は、電子化ということと全くそぐわない性質ではなく、むしろ電子化により格段に利用が便利になる部分があるということは忘れてはならない。事実、辞典・事典などは電子化することにより、重量の小型化や多機能化が可能となった。さらに、従来の辞書にない動画などを利用したマルチメディア化も可能となっている。また、論文などについては、近年は学術資源としてのアーカイブ化が進捗しており、ネット検索と連動する形で各研究機関がアーカイブ化してリポジトリ―配信がなされるようになった。これにより、かつては苦労して全国の学術雑誌の所蔵機関に複写依頼をして収集していた学術コンテンツの入手は、年々簡単かつ価格がかからないものへと変化しつつある。

　そして、電子書籍の主力ともいうべき文芸書系のコンテンツこそは、前述の音楽コンテンツの配信・決済方式の変革と概ね同じ経過を後追いしつつ、近年の普及へと至っているように感じられる。

３．電子書籍の種類と形態

　現代社会における電子書籍の定義は、まだ定まっていないものがある。広い意味でとれば、電子化された文字情報も含まれることになり、それは各種の文書デー

タ（ワードプロセッサーデータや PDF など）まで含まれることになる。本節では、紙幅の都合もあるので、狭義での電子書籍の範囲において、その種類と形態について概観することとしたい。現状の電子書籍について、各種の視点から端的にまとめてみると、下記の通りである。

①**電子書籍の端末**　2015 年段階では、概ね下記のような分類が可能であろう。
・汎用型タブレット端末（各種スマートフォン・iPad・アンドロイド・Kindle ファイア等）
・専用リーダー（Kindle ペーパーホワイト・ソニー「リーダー」・ブックライブ等）

②**コンテンツ配信の方式**　2015 年段階では、概ね下記の方式が存在する。
・有料サイト　書店系（新刊が読める　例：アマゾン http://www.amazon.co.jp/）
・無料サイト　青空文庫など（著作権切れ作品が中心 http://www.aozora.gr.jp/）

③**電子書籍の主な規格**　現在、日本国内で有力な規格には下記のものがある。
・EPUB（イーパブ）アメリカ電子書籍標準化団体の 1 つである国際電子出版
　フォーラム（IDPF）による規格（無料）
・Kindle Format　アマゾン社のブックリーダー用の規格。AZW というのもある。
・XMDF　日本のシャープが提唱する規格（有料）。日本特有のルビ振りや段
　組等のレイアウトを忠実に表示することが可能。

④**電子書籍のレイアウト**
・リフロー（再流動）型は、画面サイズが変更されると文字レイアウトも適宜配置。
・フィックス（固定）型は、画面サイズが変更されても、レイアウトは維持される。

4．電子書籍の特質　－長所と欠点－

　このような電子書籍については、従来の本と比べて長所と欠点がある。以下にそれらについて考察してみよう。まず、現在認識されている電子書籍の長所としては、概ね下記の点が挙げられよう。
・映像等の活用が可能である。（例：電子辞書などにおける活用）
・商品の検索、購入、代金決済が可能である。（書店に行かずに購入可能）
・各種端末に各種附属機能があり、ユーザーの好みにあった使用が可能である。
・絶版がなくなる。（本では、現物の在庫切れ時に採算上の判断に迫られる）
・従来の本では大量の部数になる情報を、コンパクトな形で持ち運びができる。
・紙の使用量が減る。
　一方で、従来の本と比べ、欠点として指摘されていることとしては以下の点がある。
・規格の不統一の問題があり、一部の端末では見られないものがある。

・端末を購入する必要があり、初期費用が高額となる。

・端末が起動しないと、コンテンツを見ることができない。

・ネット接続環境にないと、コンテンツの購入や更新が不可能である。

・全体をざっと俯瞰しつつ読むということは困難である。

・古書として再販ができない。

　以上のように整理してみたが、双方ともに概観してみると、コインの表裏のような関係にあるものがいくつかある。たとえば、電子決済が可能で、書店に行かずともコンテンツの購入が可能となるということは、それはネット環境の中で実現することであるので、当然にしてその環境にないときは購入できないことになるのは当然である。また、本という媒体ではなく、端末で読むという決断をユーザーがした時点で、高額な端末購入であるとか、起動しないとみられない、古書として再販できない、という側面が発生することは半ば自明のことである。

　つまり、これらは欠点というよりは、むしろユーザーの選択により受忍されていくべき点であると言えるかもしれない。となると、気になる点としては、現状での規格の不統一という問題であろう。かつては、映像コンテンツの世界において起きたベータマックス方式とVHS方式による記憶媒体規格の対立があり、対立したままでの商品生産が開始されたために、あとでユーザーには不便を強いる結果ともなった。最近では2000年代半ばに、やはり記憶媒体において、Blu-ray DiscとHD DVDの規格対立があり、同様な経過をたどっている。

　こうした過去の事案を鑑みれば、電子書籍に各種の規格や端末の規格が存在していることは、数年前の段階では危惧されたこともあった。ただし2018年の状況で見ると、アマゾンが市場を大きく占有していて、かなりの影響力を持つような状態となっている。アマゾン社では、EPUB型式データをKindle規格のデータに変換するアプリも公開するなどしており、今後規格間の相互利用の道は確保され、ユーザーに何らかのしわ寄せがいくようなことになることは少ないとみられている。

５．電子書籍の可能性と課題点

　前項では、電子書籍の特質とその長短所について考察してみた。管見の及ぶ限り、どのようなものにも長短所が存在する。だとすれば、電子書籍が普及を促した背景とはやはり社会環境の変化であり、つまりは電子書籍の将来性もその社会環境の推移に伴われて変化していくのではないかと思われる。かつて、共通点が多くあった音楽コンテンツの配信方法の先行的変化や、インターネット環境の整

備と端末機器の発展と普及という要因に導かれて現在の状況に至ったように。

　従来の図書出版で内容や質の問題とともに、印刷・製本・流通・販売の面での コストの観点から採算面や流通面の問題なども大きな判断基準となっていたことは否めない。しかし、電子書籍はそうした諸問題を根本からクリアしたり覆す可能性を持つ。つまり、表現をしたいクリエイターが、自由な規格で身の丈に合った予算により、コンテンツを世に送り出せる環境が整い始めているということである。

　現状でも、自費出版あるいはオンデマンド印刷といった少部数印刷などの手法は、図書出版というかつては一部の著名人や学者・文化人にしか開かれていなかった手段の間口が、製作・販売の両面からも確実に広くなってきていることではある。それでも、やはり費用の問題では手軽とは言えない側面が残っている。しかし、電子書籍化による実本製作と流通・販売という手法によるコストのカットは、いくつかの不利益を凌ぐだけの魅力を保持しているように感じられる。

　また、現在すでに辞書などのコンテンツでは実現しているが、映像・音声等との組み合わせによるマルチメディア化も、大きな可能性であろう。紙面で扱う範囲を超えて、他のメディアとの組み合わせにより、今後は自由な形態のコンテンツとして変化・成長していく可能性を担保することになった。

　ただし、こうした可能性を持続的に発展させていくためには、やはり整備されなければならない基礎的基盤があるようにも感じられる。それは、前述の規格の統一と、あとは著作権保護の問題であろう。特に、電子データ化された情報の不正取得や不正複写という行為は、電子書籍のみならず各種コンテンツ業界ではすでに発生している悩ましい問題である。代金の電子決済におけるセキュリティ技術の確立と進歩が進捗する一方で、こうした問題が根絶されたということはあまり聞こえてこない印象がある。コンテンツを製作するクリエイターが努力と能力・素質に応じた利益の配分を受けられない状態になることは、それが死活的問題であることを意味するであろう。

　このほか、ひとつの選択肢として、従来の本との共存ということもあり得るのではないかとも考える。実際に物体として存在する本には、手触りや視覚・骨董的価値などの面で持つ独自の魅力が消えることはない。その市場規模が縮小することはあっても、ニーズが存在する限り何らかの形で残っていくであろう。（武田 和哉）

【参考文献】
中西秀彦『電子書籍は本の夢を見るか：本の未来と印刷の行方』印刷学会出版部　2015
日本図書館情報学会研究委員会編『電子書籍と電子ジャーナル』勉誠出版　2014
小林龍生『EPUB戦記　―電子書籍の国際標準化バトル―』慶應義塾大学出版会　2016

15節　ビッグデータの処理と活用

1．はじめに　－ICT の発展とビッグデータ－

この 20 年間に発展した科学技術の中で最も顕著な技術は ICT（Information and Communications Technology）であろう。現在の生活空間では、ICT の根幹技術であるインターネットは利用出来ることが当然であり、最も重要な社会基盤（インフラ）の一つとしてなくてはならない技術、サービスとして位置づけられている。広く普及しているスマートフォン、タブレット端末は 3G/4G などの携帯電話網や Wi-Fi を経由して接続されたインターネットを基盤としており、そのハードウェアとソフトウェア（アプリ）を使ってメッセージ通信、ソーシャルメディア（SNS）、通信販売など数多くの情報サービスが成り立っている。また、企業での利用では、インターネットやコンピュータ等の ICT を使い、全国あるいは世界の拠点を結ぶ社内網が構築され、瞬時にデータを授受し処理する社内サービスが運用されている。

この ICT の発展と伴に、生成されるデータは急速に多様化し、また量的に爆発的膨張を続けている。例えば Facebook で流通している情報量は、2012 年において既に毎日 500 テラ（2^{40}）バイトのデータ量と 25 億件のコンテンツに達しており、また写真撮影やセンサーなどにより時々刻々、データは生成され続けている。この他にも、オンラインショッピングサイトの購入履歴、POS（販売時点情報管理）システムによる販売管理データ、携帯電話などで通信履歴などのデータが生成されている。生成されたデータは蓄積され、またそのうちの一部のデータは解析され、予測など利用されている。

これらの巨大なデータ利用システムを「ビッグデータ」と呼ぶ。単に大きなデータというよりも超々ビッグなボリュームのデータがビックデータである。この地球上で 2011 年に生成されたデータは 1.8 ゼタ（2^{70}）バイトであり、2013 年には 4 ゼタバイト以上にも達したという。これを DVD の枚数に換算すると、1 千億枚ほどにも達する。個々の事例で生まれるビッグデータはこれほどの量ではないが、生成されるデータ量は着実に増大し続けている。

ビッグデータを生み出す大きな源に、IoT（Internet of Things: モノのインターネット）がある。IoT は有線および無線ネットワークを介して接続された、内蔵センサーを使って収集したデータの相互通信が可能なデバイスの機能である。これらのデ

バイスは、家電、車両、人体などに内蔵あるいは装着され、センサーにより計測されたデータがインターネットを使い送信、集約され、分析に使われる。

ビッグデータのもう一つの特徴は、このように様々な形で生み出されているために生じる非定型さにある。例えば Excel の

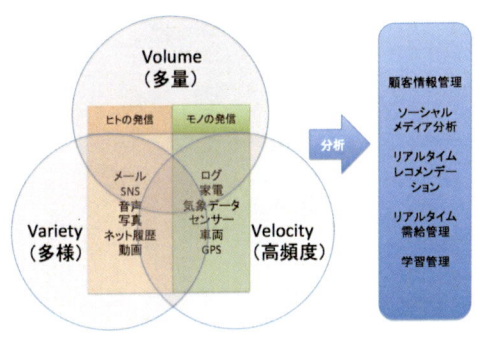

図1　ビッグデータの3V【上田作成】

フォーマットに収まるような定型的なデータであれば、比較的解析が容易になるが、非定型であるため、データを分析可能な整理された形に変換するデータマンジングの必要がある。さらにもう一つの特徴として、ビッグデータは日々刻々とリアルタイムに生成が続けられていることが挙げられる。そのため、ビッグデータを解析するためには、その膨大なデータの鮮度が高いうちに処理する能力が求められている。これらをまとめるとビッグデータは、Volume（多量）、Variety（多様）、Velocity（高頻度）の3V の要素を持つデータと定義できる（**図1**）。

なお、ビッグデータに関連した用語としてデータマイニングがある。膨大なデータに対するデータマイニングをビッグデータ解析という。

２．観光における利用事例

国土交通省が iPhone や Android の英語アプリ「NAVITIME for Japan Travel」を使い 2014 年 11 月からの６ヶ月間の間に取得した関西における訪日外国人の移動実績調査（2015 年 6 月 18 日発表）は、スマートフォンの衛星利用測位システム（GPS）による位置情報のビッグデータを使い解析したものである。

この結果によれば、宿泊者は大阪府と京都府へ集中する傾向があり、特に大阪府は日中よりも夜間の滞在者数が多い。奈良県は特に夕食以降の落ち込みが大きく夜間観光客の獲得が課題である。京都のエリア別滞在者数では、京都駅、清水寺、金閣寺、伏見稲荷大社、嵐山の順番に滞在者数が多い。外国人に人気 No.1 を誇っている伏見稲荷大社については、最寄駅から本殿にかけてはアジア系外国人の移動が多いが、稲荷山までは欧米系外国人の方が多く登るなどの結果が得られている。これは、観光客が 30 分以上連続して留まった地点を滞在先とし1キロと 10 キロ四方毎に集計したもので、関西を訪問した 4,873 人のアプリ

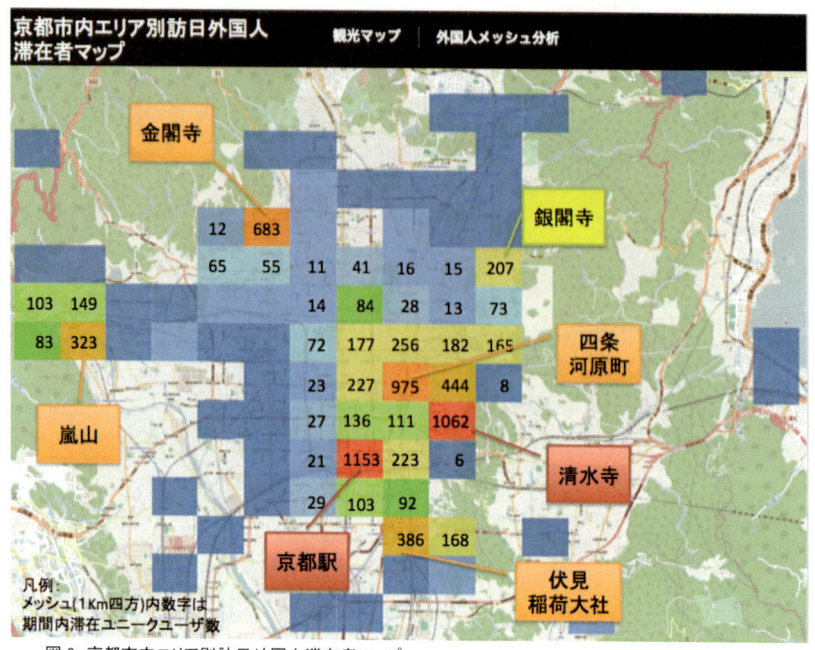

図2 京都市内エリア別訪日外国人滞在者マップ
【地域経済分析システム RESAS サイト（内閣官房開発）を使って上田が作成】

で取得したデータを使って解析したものである（**図2**）。

このように、従来のアンケート調査等では限定的にしか得られなかった観光の現象や行動パターンについてのデータの取得が、スマートフォン・アプリにより大規模に実現したことでビッグデータの取得と解析が可能となっている。

３．外食産業における利用事例

回転寿しの最大手（株）あきんどスシローは、1984年創業の回転寿しチェーンを運営する企業であり、2015年7月現在、全国に展開する394店舗により年商1300億円の売上げを誇っている。スシローでは、皿に取り付けたICタグを活用し需要予測に基づいたメニュー開発や廃棄ロスの削減を実現している。具体的には、すべての寿司皿にRFID（ICタグと無線による識別の仕組み）を取り付けており、このRFIDの情報を読み取ることで、全てのお皿の動きを把握し、昼間や夕方など時間帯によって変動する来店客数に合わせて適切な種類の寿司を適切な数握りレーン上に乗せることで、レーン上での寿司の鮮度を保ち、古いものは破棄するシステムを構築している（**図3**）。例えば、マグロの場合ではレーンを

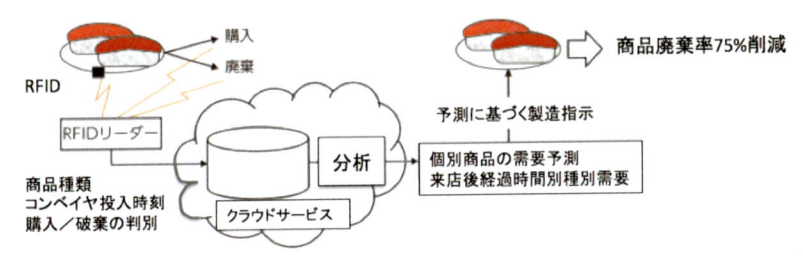

図3 RFIDによる個別商品管理に基づく需要予測【㈱あきんどスシロー・(H26 情報通信白書 p.104 より引用】

350m 以上回ると自動廃棄する。これが POS レジ（販売時点情報管理）でのデータ管理であれば、売れた皿の数を把握できるだけで、レーン上の寿司の鮮度管理までは行えない。IC タグ付き寿司皿の動きを管理することで、廃棄ロスは75%削減し、コスト削減を実現している。客による個別品目の注文比率が、他の回転寿司チェーンでは95%であるのに対し、スシローは70%台を実現している。これはその分、不必要な客とのやり取りを抑えることで効率的なサービスの提供が実現できていることになる。また、来店客が人数と大人、子供の数をタッチパネルで入力することによる員数管理や着席時間の管理も行っており、これらのデータを基に着席中の食欲状態の傾向をモデル化し、どのレーンにはどういう種類の寿司をどのくらい流せばいいのかをリアルタイムで調整している。

　このような方法は、従来の幅広い顧客を対象にしたマスマーケティングから、個人や家族、グループを対象にしたワンツーワンマーケティングを販売促進に生かす動きであり、ここでもビッグデータの活用が行われている。

4．身近なデータ解析技術「プログラミング言語R」

①R言語　ビッグデータ統計処理の有力ツールとしてプログラミング言語 R を紹介する。PC に無料でインストールして使えるソフトウェアであるため、今日からでもビッグデータの解析が自分の PC を利用して可能となる。

　プログラミング言語 R は「統計計算」と「グラフィクス」を得意とした言語であり、Mac OSX、Windows、CentOS、Ubuntu など多くのプラットフォームや OS 上で使え、PlayStation3 でも使えるフリーソフトウェアである。1991 年にニュージーランドのオークランド大学で Ross Ihaka 氏と Robert Gentleman 氏により開発が始まり 1993 年に公表された。それ以来、数多くのプログラマにより改良と新機能の追加が行われ現在に至っている。R 言語の構成は基本部分と用途別の機能パッケージに大別され、必要に応じて用途別の機能パッケージをインストールして利用する。すで

に 4,000 の機能パッケージが開発されており、特に近年においてはバイオ関連の研究において多くの機能パッケージが開発されている。また、すでに国内外で数多くの参考となるサイトを見つけることができるので利用する上で、また学習する上でも便利な言語である。

② データセット cars を使った「車の速度と停止距離の関係」 R 言語の基本的なプログラミング技法を修得できる「UNIX 演習1」を 2015 年度前期から開講しているので、ここでの内容の一例としてデータセット cars を使った「車の速度と停止距離の関係」紹介する。

R 言語にはプログラムの対象として利用できる多くのデータセットが用意されている。このうちの一つであるデータセット cars は、車の速度（単位：mph）とその速度で走行中にブレーキを掛けた場合の停止距離（単位：feet）について計った 50の観測値から構成されている。この2つの変数の関係を単位を変えて散布図とし描画するプログラムとその結果を**図4**と**図5**に示す。このような散布図による可視化によりデータの傾向が目視により確認でき、またこの図の範囲外、例えば毎時 50km の速度のときにブレーキを掛けた場合の停止距離を推測することが可能となる。

ここでは散布図の作図例を示したが、折れ線グラフ、棒グラフ、ヒストグラム、箱ひげ図、円グラフ、関数曲線、他の様々なグラフと、きめ細かな色その他の指定を可能とする関数が R 言語には用意されている。また、R 言語をより効果的に利用するためのアプリである RStudio を使うことによりプログラムやその実行結果を web として共有することも簡単に行える（**図4・図5**）。

5．ビッグデータ活用のための課題

2014 年 5 月に米国ホワイトハウスが発表した報告書「ビッグデータ：価値を維持しながら機会をつかむ」は、ビッグデータを使ったデータ解析がエネルギー利用を効率化することで経済を発展させ、健康増進や教育向上を実現し、また、より安全な生活を送ることができるとの期待を示している。しかしながら、ビッグデータ解析のメリットを活かすためにはデータ漏洩、プライバシー保護、個人情報の取り扱いについて今後はさらに慎重な枠組みが必要であり、個人が利用方法やその配布方法などビッグデータの管理に関与できるメカニズムを作ることが重要であるとも指摘している。

情報セキュリティを人的、技術的および物理的側面において更に綿密にかつ確実に確保すると共に、どのようにビッグデータを管理すべきかについて日本にお

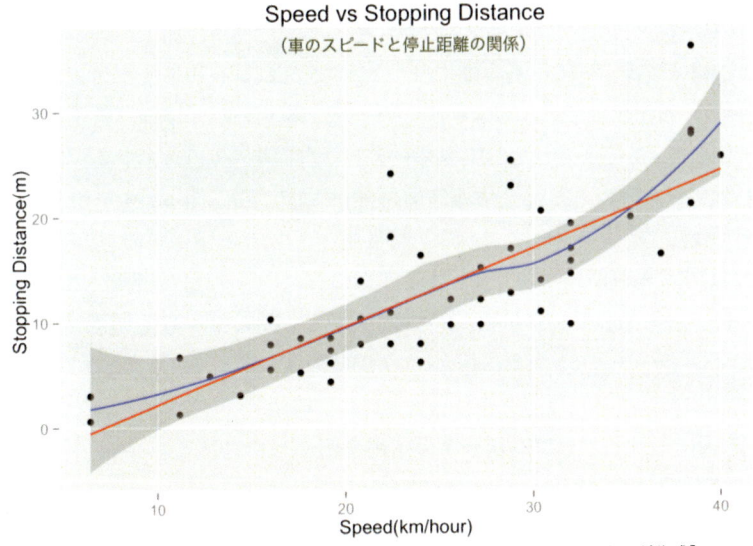

Speed vs Stopping Distance：data from cars

Rに準備されているデータセットcarsを使って散布図を描く。
散布図のタイトルは "Speed vs Stopping Distance"とする。
データセットcarsの散布図に、それに回帰直線（赤）と回帰曲線（青）を重ね合わせる。
回帰曲線の帯は、信頼区間９５％を表す。

```
# quick summary and qplot
# まず図を描くために必要な関数qplotをライブラリに追加し使えるようにする。
library(ggplot2)

# データセットcarsの概要を関数summaryにより把握する。
data(cars)
summary(cars)

##     speed        dist
## Min.   : 4.0   Min.   :  2.00
## 1st Qu.:12.0   1st Qu.: 26.00
## Median :15.0   Median : 36.00
## Mean   :15.4   Mean   : 42.98
## 3rd Qu.:19.0   3rd Qu.: 56.00
## Max.   :25.0   Max.   :120.00

# 散布図と回帰モデルの直線と曲線を描く。
# データセットcarsの単位を mile/hourやfeetからkm/hour、m に変換し作図する。
qp <- qplot(speed * 1.6, dist * 0.3, data = cars, xlab = "Speed(km/hour)", ylab = "Stopping Distance(m)", main = "Speed vs Stopping Distanc
e")
qp + geom_smooth() + geom_smooth(method=lm, se = FALSE, colour = "red")
```

図 4　RStudio による車のスピードと停止距離の関係を表示するためのプログラム例【Speed and Stopping Distances of Cars, https://stat.ethz.ch/R-manual/R-devel/library/datasets/html/cars.html (2015.05.25)】

図5　車のスピードと停止距離の関係【RStudioを用いて上田が作成】

いても十分な検討を進め実践することがビッグデータ活用のための今後の課題である。
　　　　　　　　　　　　　　　　　　　　　　　　　　　　　（上田　敏樹）

【参考文献】
『平成26年版情報通信白書（P.104）』総務省
『地域経済分析システム RESAS』内閣官房
『Big Data: Seizing Opportunities, Preserving Values』Executive Office of the President, May 2014

16節 オープンデータと本格的なデータ活用

1．はじめに −オープンデータの役割−

　オープンデータとは、個人情報や機密情報などは除き、政府や地方自治体などが統計・行政などの公共データを民間に対して無料で公開（オープン）にすることにより、あるいはより多くの人たちの間で公共データを共有できるようにすることにより新たな価値の創造を目指すものである。また、このようなデータは、国民の税金で作られたものであり、公共財として更に活用すべきものが、その中に含まれているために取られている施策である。この情報公開は単に従来の紙ベースのデータを閲覧可能とするのではなく、その内容や公開場所が分かりやすく、またインターネットを介してPCに取込むことができ、加工し易い二次利用に適したフォーマットであることも重要な要件である。

　データについては、内容によっては著作権の関係で利用、加工が難しいものがあるが、オープンデータは基本的に「この条件を守れば自由に使用可」という意思表示をする仕組みであるクリエイティブ・コモンズ・ライセンスの「表示ライセンス（CC-BY）」が適用されており、基本的に自由な編集や加工が行える。例えば、総務省が毎年発表している「情報通信白書」においても、平成24年版より電子書籍化され、またインターネットにおいて閲覧、ダウンロードが可能であるが、著作権が発生する箇所については、「表示ライセンス（CC-BY）」が適用されている。ここでは、統計数値データなどは著作権を総務省が有しないことを明記していると共に、PCでの取込みを簡単に行えるようCSV形式のデータが用意されている。

2．米国におけるオープンデータの活用事例

　オープンデータの推進において世界的なイニシアティブを持つ米国ではオバマ大統領が就任後の2009年1月に「透明性とオープンガバメント」と題する覚書きにより、政府の透明性、国民参加、協業の3原則に基づき開かれた政府を築くことを公表したことに続き、2013年5月には「デジタル・ガバメント戦略」に基づき、数値データや文書データなどの非構造化データの公開も進めている。この他にもオープンデータの方針についての大統領令などにより、個人のプライバシーや機密情報の保護に配慮しつつ、新たに作成する行政のデータはできるだけ発

NAME	JOBTITLE	DEPTID	DESCR	HIRE_DT	ANNUAL_RT	Gross
Aaron,Patricia G	Facilities/Office Services II	A03031	OED-Employment Dev (031)	10/24/1979 12:00:00 AM	$57,863.00	$54,992.37
Aaron,Petra L	ASSISTANT STATE'S ATTORNEY	A29045	States Attorneys Office (045)	09/25/2006 12:00:00 AM	$78,600.00	$76,951.93
Abadir,Adam O	COUNCIL TECHNICIAN	A02002	City Council (002)	12/12/2016 12:00:00 AM	$54,486.00	$27,736.14
Abbeduto,Mack	LAW CLERK SAO	A29017	States Attorneys Office (017)	05/22/2017 12:00:00 AM	$37,415.00	$2,821.60
Abbott-Cole,Michelle	Operations Officer III	A90005	TRANS-Traffic (005)	11/28/2014 12:00:00 AM	$72,800.00	$71,745.19
Abdal-Rahim,Naim A	EMT Firefighter Suppression	A64120	Fire Department (120)	11/30/2011 12:00:00 AM	$65,009.00	$82,364.33
Abdelmeguid,Shahrazad	ASSISTANT STATE'S ATTORNEY	A29004	States Attorneys Office (004)	11/30/2015 12:00:00 AM	$67,218.00	$28,465.60
Abdi,Ezekiel W	Police Sergeant	A99062	Police Department (062)	08/14/2007 12:00:00 AM	$83,576.00	$105,836.60
Abdul Adl,Attrice A	RADIO DISPATCHER SHERIFF	A38410	Sheriff's Office (410)	09/02/1999 12:00:00 AM	$45,893.00	$59,045.33
Abdul Aziz,Hajr E	Swimming Pool Operator	P04002	R&P-Recreation (part-time) (	06/01/2017 12:00:00 AM	$22,464.00	$7,233.42
Abdul Aziz,Jennah A	Swimming Pool Operator	P04002	R&P-Recreation (part-time) (	06/01/2017 12:00:00 AM	$22,464.00	$5,252.00
Abdul Aziz,Yaqub M	Swimming Pool Operator	P04002	R&P-Recreation (part-time) (	06/01/2017 12:00:00 AM	$22,464.00	$10,537.36
Abdul Hamid,Umar	Maintenance Tech Apprentice	A50209	DPW-Water & Waste Water (209)	01/17/1995 12:00:00 AM	$38,561.00	$39,482.79
Abdul,Jalil	ENGINEER I	A50101	DPW-Water & Waste Water (101)	07/17/2017 12:00:00 AM	$63,240.00	
Abdul-Hamid,Saud Muhan	SEASONAL MAINT AIDE	A70320	DPW-Solid Waste (320)	08/16/2017 12:00:00 AM	$29,120.00	
Abdul-Jabbar,Bushra A	SOCIAL SERVICES COORDINATOR	A06015	Housing & Community Dev (015)	04/14/2008 12:00:00 AM	$43,295.00	$42,996.60
Abdul-Saboor,Jamillah	PRINTER LIBRARY	A75055	Enoch Pratt Free Library (055)	07/27/2009 12:00:00 AM	$36,446.00	$34,344.41
Abdullah,Aisha W	OFFICE SUPPORT SPECIALIST III	A85301	General Services (301)	02/11/2013 12:00:00 AM	$34,362.00	$30,701.80
Abdullah,Beverly A	OFFICE SUPPORT SPECIALIST III	A06004	Housing & Community Dev (004)	12/01/1986 12:00:00 AM	$40,137.00	$38,997.65

図1　2014 年度米国ボルチモア市職員年間給与データ（抜粋）【Baltimore City Employee Salaries FY2014, https://data.baltimorecity.gov/City-Government/Baltimore-City-Employee-Salaries-FY2014/2j28-xzd7/data（2015.05.25）】

見、アクセスしやすく、また再利用しやすい形式で公開することが米国では義務となっている。この方針に沿った米国でのオープンデータの活用事例を紹介する。

① **オープン・ボルチモア**　アメリカ東海岸の都市、ボルチモア市では、オープン・ボルチモアと称するサイトを通じて、政府の革新的で、透明かつオープンな活動の推進方針に従い、市行政に関するデータを、住民や来訪者の生活、企業活動などの向上を目的として公開している。ここではボルチモア市の市職員の 2014 年度の年間給与、犯罪、監視カメラの設置場所などに関するデータなど1500 以上のデータセット、図表、ファイルなどの閲覧が可能である。この公開データの中で最もアクセス数の多い 2 つの内容を紹介する。

・**2014 年度のボルチモア市職員の年間給与**　このデータセット（**図1**）には、2017 年 6 月 30 日時点で雇用されていた市職員 13,000 人以上の氏名、職位、職員番号、配属部署、勤務開始日、年間給与などが具体的に示されている。このデータは EXCEL 形式でありダウンロードすることによりデータを解析することができる。日本では、このような情報は個人情報としての性格が強いと判断され公開の対象にはならないと考えられるが、いずれにせよ、ここまでの情報公開は進んでおらず、アメリカの先進性が発揮されている。

・**地域毎の最新犯罪データの概要**　発砲による殺人事件、レイプ、強盗、暴行などの犯罪別に、また、過去1週間、過去 4 週間、年初からの 3 つの期間別に、エリア別に統計データを入手できる。この他にも、逮捕した犯罪者の年齢、性別、人種、場所のデータ、犯罪が起こった時間、場所、凶器など犯罪に係るデータは数多く揃っており、これらデータの公表による注意喚起を行っている。米国では日本と桁違いに身の安全に対する配慮が必要な社会であることが分かる。

図2 米国フィラデルフィア市の犯罪マップ（抜粋）
【PHL Crime Mapper, http://www.phlcrimemapper.com（2015.05.25）】

　②　**フィラデルフィアの犯罪地図と統計**　フィラデルフィア市は米国北東部のペンシルバニア州最大の都市であり、治安は概ね良好ではあるが、地域によっては危険なエリアも存在する。ここでもオープンデータの利用用途として、地域の危険性を公開、周知することに大きな役割がある。PHL CRIME MAPPER のサイトでは、まず期間を選び、次に地図上の任意の場所に矩形を作ると、指定した期間に指定したエリアで起こった犯罪地点がピンポイントで表示される。**図2**の事例では、2015 年 1 月 17 日から 2 月 14 日までの 4 週間に 107 件の犯罪があり、その内訳は殺人 1 件、レイプ 5 件、強盗 22 件、暴行 18 件、強盗 18 件、窃盗43 件となっている。現地における、このサイトの重要さが認識できる。

３．日本におけるオープンデータの利用事例

　総務省統計局が運営するサイト「e-Stat」と民間が運営する「LinkData.org」について紹介する。

　「e-Stat」には総務省、経済産業省、文部科学省、その他の省庁が調査した統計データが公開されており、またそのデータを加工する可視化の手段が提供されている。この統計データには、国勢調査、貿易統計、家計調査、労働力調査などのデータが含まれており、これらの最新調査結果が随時アップされている。

レイアウト設定	統計表表示	グラフ表示

統計名	平成22年国勢調査 人口等基本集計(男女・年齢・配偶関係,世帯の構成,住居の状態など)	表番号	00310
		表題	年齢(各歳),国籍(総数及び日本人),年齢別割合,平均年齢及び年齢中位数,男女別人口 全国,市部・郡部,都道府県,市部・郡部,

表章項目 人口 ÷　全域・人口集中地区2010 全域 ÷　国籍2010 日本人 ÷　地域(2010) 京都市 ÷　時間軸(年次) 2010年 ÷
ページ切替

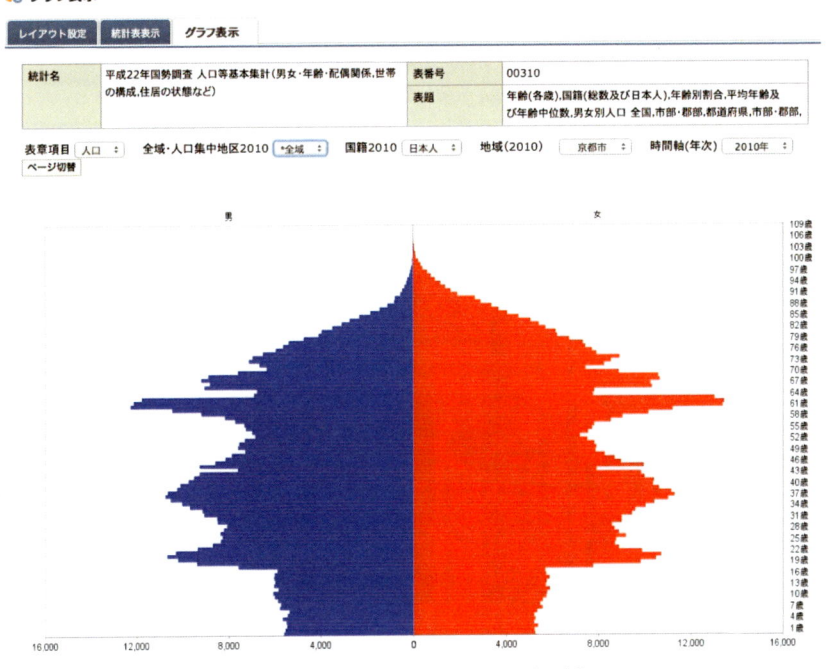

図3 京都市の人口ピラミッド【e-Stat により上田が作成】

「LinkData.org」には、全国の自治体で管理されているデータやそれらを使ったアプリ、またアプリを開発するためのツールなどが集められている他、個人やグループで収集したデータをファイルとして作成する方法、ファイルのアップロード、既にあるアプリをベースにして別のアプリを作成するなどの手段が提供されている。

なお、日本においても犯罪発生マップ「ぼうはん日本」により都道府県別の、ひったくり、路上強盗、自動車強盗などの犯罪別に検索が可能である。

① **政府統計の総合窓口「e-Stat」** e-Stat を使った作図の一例として、人口や世帯について5年毎に総務省が実施した国政調査のうち、最新の平成22年国政調査を使って、京都市の年齢（下から上へ0才から109才までの1才毎）、男女別の人口ピラミッドの作図（**図3**）を行う。この作図は、EXCEL データをダウンロードして作図するのではなく、サイト上に用意されている選択項目（パラメータ）の中から適切な値を選択する簡単な方法で行える。京都市は、男女とも18才から22才までの人口が17才以下の人口に比べて8割程度増加しているが、これは京都特有の現象であり、京都が学生の街であることを表している。

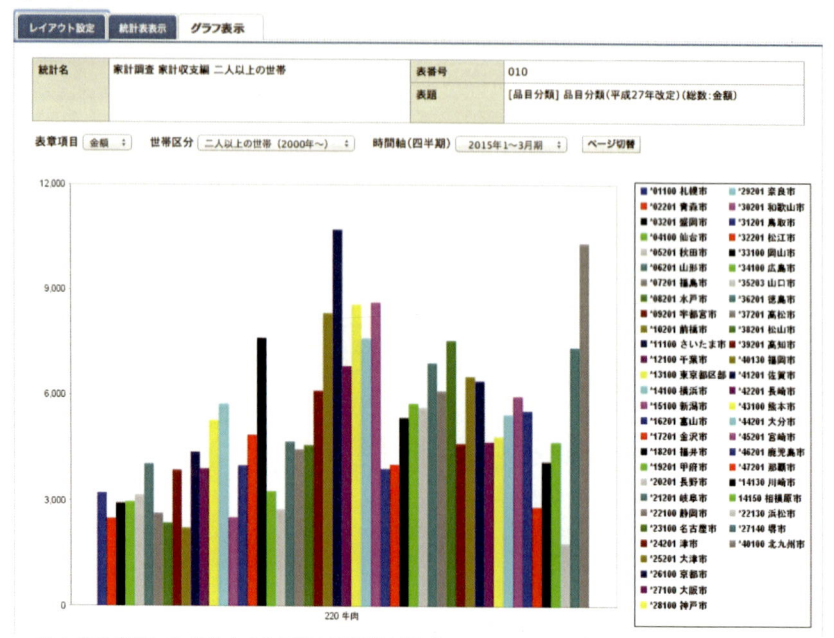

図 4 家計調査に基づく牛肉の主要都市別消費金額【e-Stat により上田が作成】

図4は、家計調査における全国の県庁所在市、政令指定都市の52都市について2015年1月から3月までの3ヶ月間において、2人以上の世帯における牛肉の購入金額を棒グラフで作図したものである。ほぼ真ん中に位置する濃い青色の棒が京都市の牛肉消費（金額）を表しており、10,707円で全国第1位となっている。また、関西の牛肉消費は他の地域に比べて多いということも確認できる。牛肉の他にも、豚肉、鶏肉などの生鮮肉、キャベツなどの生鮮野菜、リンゴなどの生鮮果物など215の品目についてデータが揃っている。このような統計データは、新聞、雑誌等でも紹介されているが、この e-Stat を使って分析した結果である。誰でも同じような分析がサイトにおいて、直接行えるので是非試してほしい。

② **オープンデータ活用支援プラットフォーム「LinkData.org」** このサイトは、データのオープン化に取組む自治体、オープンデータを利用する団体、個人に対し、データの流通、アプリケーション開発、ビジネスへの適用など幅広いデータの活用に対する支援を通じて、地域課題の解決や新たな価値創造を目的としている。ここでは、LinkData（データを見る・公開する）、App.LinkData（アプリを見る・公開する）、Knowledge Connector（ナレッジを見る・公開する）、

CityData（データの都道府県別の検索）の4つのサービスにより、すでに公開されているデータを使ってアプリを作成する方法や公開する方法、また新たにデータを収集して公開する方法、既にあるアプリやアイデアを融合、連携して新しい価値を創造するためのツールが一元的に提供されている。

　このうち、LinkData においては、収集したデータを公開するための方法として2次元の表であるテーブルデータ入力フォーマットが用意されているので、このプロンプトに従って入力することにより、データの公開が可能となる。

４．オープンデータを活用するための今後の課題

　オープンデータの活用のために、政府や地方自治体が「アイデアソン」や「ハッカソン」を開催し、その促進を図っている。「アイデアソン」は「アイデア」と「マラソン」、「ハッカソン」は「ハック」と「マラソン」を掛けた造語であり、マラソンを走りきるように、成果を出しきることを意味する。いずれも複数人の多様性のあるメンバーから構成される複数チームにより、ある特定のテーマについて、前者においては、新たなアイデアやアクションプランの構築を行い、後者においては、アイデアソンを更に進めソリューションの提供までを行うものであり、アイデアを基にシステム開発、アプロケーション開発を行い、成果を競いあうイベントである。このイベントは一定の成果を上げており、継続して改良、改善してゆく努力により、多くの人のニーズに応え、さらには大きなビジネスとして付加価値を生み、経済効果の発揮や社会問題の解決に結びつくものに成長することが期待される。

　データ公表により得られる利益はありそうではあるが、失われる利益とのバランスはどうなのか。日本でもデータのオープン化においてはそのバランスの検証が常に必要である。

　さて、人文情報学科の学生は、このデータのオープン化にどう対応すべきであろうか。人文情報学科における「情報」の学びとは問題を発見し解決するための手段として情報を使うことにあり、まず社会の問題をデータに基づいて理解する必要がある。社会の状況を把握するためのデータは、多くの事象がオープン化されてゆくので、この膨大なデータの中から関係するデータを見つけ、それを理解できる形へ変換する能力が人文情報学科の学生には求められる。　　　　（上田 敏樹）

【参考文献】
クリエイティブ・コモンズ・ライセンス http://creativecommons.jp/licenses （2015.05.25）

第6章　大谷大学での学び

17節　人文情報学の役割と大谷大学での学び

1．はじめに

　みなさんが入学した大谷大学とはいかなる大学であろうか。詳細は、大学のホームページ等で確認してもらうとして、大谷大学について理解する上でひとつ重要なことが書かれてある。それは、この大学は、「人材」ではなく「人物」の育成を目標としている点である。この背景には、当然にして大谷大学を設置した母体である真宗大谷派が形成してきた宗教観があり、そしてそれらは親鸞聖人の教えに基づくものである。

　ただ、このように紹介すると、いかにも宗門の大学としてのポリシーであると感じる人は多いだろう。それでも、改めて考えてみてほしい。今までの日本の歴史を振り返ってみて、国内が戦乱で混乱したり、外国との戦争で多くの人々が亡くなったりするなど、今よりも一層困難であった時代は多々あったことであろう。それに比べれば、今の時代は一見して平和を享受しており、物質的にも満ち足りた時代ではあるかもしれぬ。でも、そのような世の中でも、多くの人々がいろいろなことに不安を感じて生きている。また、社会的課題な皆無になったわけではなく、むしろ厄介な問題が多く発生しているようにも思われる。

　むしろ、今に行きる私たちであるからこそ、宗派やその宗教観念などが異なっていても、人間を見据えた学びをしていく必要があることは変わらないではないだろうか。決して困難な時代ではないかもしれないが、今の時代を生きている我々にとっては、他の時代と比較すること自体には建設的な意義を見出せないかもしれない。どんな時代でも、今をどのようにして生きていくかという問題は、厳然と存在する簡単に答えが出ない課題なのである。

　大谷大学での学びとは、単に専門学科系の講義受講と単位修得ということにとどまらず、人としてこれからどのように生きるかということを思索することも意味していよう。そういう意味において大谷大学とは、学ぶ意欲を持つ人には多くの示唆を与えてくれる思想的・学問的蓄積のある場であろうと確信している。

2．人文情報学の役割

　現在の学問体系を鑑みるとき、諸学問にはそれぞれの役割と意義付けがなされ

ているであろう。たとえば社会科学とは、人の社会の仕組みがうまく機能するために必要な法律や経済などの面からの知恵を創出する役割がある。では、人文科学の役割とは何か。それは、人とは何か、また人が生きるために必要なことは何か、という人間の存在の根本に関する探究である。よって、人間性を育てるという役割も、恐らく諸学問の中では人文科学にしか果たしえないであろう。すぐに出る成果や答えを求めるのではなく、長い時間をかけて、実際に人として生きつつ深めていく学問分野である。

さて、あらためて人文情報学とはどのような学問であろうか。既に、前の2節で明快に論じられ解説されているので詳細はそちらに譲るとするが、簡単にまとめるなら、人間あるいは人間社会の在り方について、様々な視点から探究する人文科学をベースとして、それに情報学の技術や視点を取り入れることによって、この学問は成立している。すなわち、現代人には必要不可欠な分野となった情報技術の内容や知見について習得し、人文科学の知見と総合しつつ、高度情報化社会である現代に生きる人々の生活・職業や社会を豊かにしていくための知識・技能・見識を探究することが、人文情報学の役割であるといえよう。

あらためて振り返ると、10節でも述べたように、1990年代以降にインターネットが普及し、さらに高性能の通信技術や小型化した端末が開発されて、日本ではまさに高度情報化社会と呼ぶにふさわしい社会が構築されてきている。このような各種の技術的進歩の恩恵を受けて、我々は簡単に大量の情報に接することができる生活を享受している。

こうした社会は、1970年代のいわゆる高度経済成長期にあった日本では理想的な近未来の社会像として紹介されていたことを、当時未成年であった筆者は記憶している。様々な問題が併せて解決され、快適な社会が実現するものと多くの人々が期待をしていたことは言うまでもない。

しかし、21世紀に入り高度情報化社会の環境が実現された現在においても、各種の社会的課題は新たに発生し続けている。その詳細は13節でも述べたとおりである。いわば、コインの表裏の関係のように、高度情報化社会のメリットとデメリットが認識されている。

こうした社会では、新たな情報技術革新や次元の異なる環境の中での適応が求められている。そのサイクルは年々短くなり、人の一生の中では、一度ならず数度の社会変化や技術革新による波を受けることが明白である。今の若い世代の人たちも、いずれまた来るであろう次の新しい波が来た時に、適応できるかどうかは

定かではない。

　事実、現在起きている社会問題の中で、かなりの割合を占めるのは情報と人とのかかわりにおいて起きている事件や課題である。これらは今までには見られなかった様相であることが大半で、情報通信手段が発達し普及した今だからこそ起きている事案である。また、人が原因となって起きている以上、その問題の要因のかなりの部分は人の問題にあると判断できる。つまり、人こそが問題となっている可能性が高い。

　こうした問題を直視して解決の糸口を探るとすると、それは人を探究する人文学的視点と情報技術の内面を理解する立場でなければ出来ないであろう。それはすなわち、人文情報学の責務である。

3．大谷大学人文情報学科の設置と現在のコース

　大谷大学人文情報学科は、2000 年に開設され、2015 年 3 月には 10 期目の卒業生を送り出した。大谷大学が発足したのは今から 116 ほど年前であるので、その歴史の中ではまだ設置されてしばらくしか経っていない学科であると言える。

　大谷大学が発足して以降の日本社会の様相と遷り変わりを見ていくと、社会も人も実に大きく変化を遂げたことを実感する。そして、大学とは学問の探究を通じて社会に何らかの貢献をする機関であるとしたら、それはどこかで社会・世相の変化を反映した姿となるだろう。当初は仏教研究の学科を中心に構成された本学が、第二次大戦後には仏教に哲・史・文の各学科を備えた文学部を設立し、さらに社会学・国際文化学と追加されていくのは、戦後日本の社会の展開と決して無縁な動きではない。そして、その次に人文情報学科が設置されたのも、当然にしてその時々の世の中の要請に基づくものであったのである。

　2000 年の設立当時、こうした人文科学と情報学とを結びつけた研究・教育組織を設立した大学は非常に少なかった。現在でこそ、類似する研究・教育組織を設置した大学は増えてきたが、それでもまだ一般にゆるぎない存在となっているとは言えないであろう（**表 1**）。

　これを見ると判るように、いろいろな組織名称が存在し、また扱い方や研究・教育の視座にもいくつかの差異が存在しているそれは、この学問体系がまだ「生まれてまだ若い学問分野」であり、いろいろな模索が続いていることを示している。さらには、扱う対象分野が日進月歩で展開しており、大学という固定化した組織がそのためにその状況の変化についていくことだけでも相当に困難であるという背

大学名	種類	学部	学科
大谷大学	**私立**	**文学部**	**人文情報学科**
椙山女学園大学	私立	文化情報学部	文化情報学科
同志社大学	私立	文化情報学部	文化情報学科
江戸川大学	私立	メディアコミュニケーション学部	情報文化学科
松蔭大学	私立	観光メディア文化学部	メディア情報文化学科
広島国際学院大学	私立	情報文化学部	
福山大学	私立	人間文化学部	メディア情報文化学科
名古屋大学	国立	情報文化学部　　　（2017年より情報学部に改組）	

表1　人文情報学および類似する教育組織を設置した大学の一覧（学部のみ）【武田作成】

景も存在しているだろう。

　さて、大谷大学人文情報学科としては、基本的には文系と理系の橋渡しになるような学びを目指した学科である。学科に所属する教員も、文系・理系の学問を修めたスタッフが揃っている。各教員の専門分野の詳細は、各年の学科オリジナルサイトを参照して頂きたいが、2014年度の入学生対象には、情報デザイン・メディアクリエイター・情報文化・デジタルライブラリーコースの4コースが設置されている。また、2015年度以降の入学生対象には、上記の4コースをそれぞれ2つずつ合体したような形で再編してできた「情報マネジメントコース」と「メディア表現コース」の2コース体制となった。

４．大谷大学人文情報学科における学びのスタート

　大谷大学人文情報学科に入学すると、一回生の段階ではまだコースには所属せず、まずは大学での学びの基礎力養成に力を注ぐカリキュラムとなっている。二回生になると、コースに所属するものの、さらなるスキルアップを目指した内容の学びに取り組む。こうしたことを念頭に、人文情報学科ではさまざまな教育上の取り組みを行っている。

　まず一年生の段階では、演習Ⅰなどの授業の場において、大学生としての読み書き能力の向上をめざしたレポート作成を中心とした演習を実施している。情報系の学科で、なぜこのようなアナログ的な学びなのかといぶかる学生もいるが、それはどのような時代・社会になっても、人間が社会の中で学び活動していくためには、読み書き能力は必要不可欠な存在であることに変わりはない。世の中の変化に準じて対応すべきことと、そうではないこととが厳然としてあり、読み書き能力は誰にとっても重要かつ基礎的なスキルであり、学科だけでなく大谷大学全体とし

て取り組んでいる教育内容である。

　次いで、二年生の段階では、演習Ⅱにおいてプレゼンテーション能力の技術習得をめざした授業をおこなっている。各種の調査や、グループ討議などを経て、自己意見の形成を行い、プレゼンテーションを通じてそれを表現し、相手に伝えるための工夫を行うための学びである。

　ここでは、ただ思いついたことを発信するのではなく、他者の意見とのすり合わせを通じて、相対性や客観性のある意見を形成するとともに、他者の意見を尊重し理解できるような素養を身に着けることを目指している。また、それをどのような形で発信していくことで、他者によりよく理解されるのか、という反射的感覚の養成も併せて想定している。

　こうしたことを経て、大学での学びの集大成である卒業論文の作成に向けた基礎的な学習・研究方法の素養・知識・技術の獲得をめざしていくのである。

５．大谷大学人文情報学科の各コースでの学び

　三年生になると、前述の情報マネジメントコースとメディア表現コースの中に設置された各ゼミに所属して、四年生で卒業するまでゼミで指導教員についてより深い専門知識などを学び、最後は卒業論文をまとめることになる。
ところで、このふたつのコースでの学びの目標とは、現代社会において文系と理系、国際化と地域化、知識と技術というような多様な価値観の中でさまざまな社会活動が行われているが、そのような社会の中で貢献できる人材育成を目指すことに主眼をおいている。

　さらに、そのためには単に技術を身につけるだけではなく、深く人間と文化を理解したうえで、より良い情報を管理・運営・表現する能力が求められることから、「情報マネジメントコース」では情報システムを運営・構築する方法を学ぶ。また、「メディア表現コース」では情報コンテンツを作成・発信していく方法を学ぶこととし、文書の電子化の方法を身につけるなど、新しい図書館司書の学修もできるようになっている。以下、各コースの内容について、もう少し詳しく触れておく。

①**情報マネジメントコース**　　現代の企業活動や市民生活には、コンピュータ、スマートフォンなどの情報通信システムが欠かせない。このコースでは、情報システムやウェブアプリ、ネットゲームなどを設計・構築（プログラミング）・運用する能力を修得し、IT企業や公共組織、NPOなどの経営・運営をマネジメント、マーケティング、営業する方法を学修する。こうした学びを経て、社会では情報関係

の仕事に就き、高度なマネジメント能力を発揮できるような人材を育成することを目指している。

②メディア表現コース　このコースでは、京都・滋賀など地域社会やコミュニティの活性化をめざして、地元に根ざした歴史、文化や生活の情報を探究し、マルチメディア・コンテンツとして情報メディアの特性に合わせて創作・編集・発信する技能を修得する。また、文書の保存や管理、分類などの理論や実務について、図書館学などの蓄積をベースとした必要な技術を学び、さらにはデジタルライブラリーに対応できるような、高度情報化社会時代の図書館司書にふさわしい能力を修めることも視野に入れている。

６．まとめ

　本節では、これから皆さんが進んでいくであろう大谷大学人文情報学科の学びの道程と目的について述べてきた。ふたつのコースおよび各ゼミは、さまざまな分野をカバーする内容になっており、いろいろな視点から人と情報について学ぶことができる仕組みになっている。

　しかし、このように周到に用意されている学科のシステムや特色ある取り組みも、実は学ぶ意欲があって初めて効果のある存在となりうるのである。つまり、皆さんが大学で何を学びたいか・将来は何をしたいのか、という明確な動機づけがない限りは、ただの絵に描いた餅のようになってしまう。

　現在の世の中は、時として情報過多であり、そのためにかえって進むべき道を見失うということが往々にしてあるかもしれない。そうした環境の中で、ひたむきに何かを目指すということは、古くさいようなことではあるが、実はとても尊いことである。このことは、どのような世の中になっても変わらないことであろう。

　最後に、皆さんがそれぞれ具体的な目標を持ち、それに向かって前向きに学びに取り組むことを期待して、この節の締めくくりとしたい。　　　　　　（武田　和哉）

【参考文献】
勉誠出版『人文学と情報処理』（逐次刊行物）
大矢一志『人文情報学への招待』神奈川新聞社　2011
楊暁捷・小松和彦・荒木浩　編『デジタル人文学のすすめ』勉誠出版　2013
赤間亮ほか『文化情報学ガイドブックー 情報メディア技術から「人」を探るー』勉誠出版　2014
村上征勝『文化情報学入門』（文化情報学ライブラリ）勉誠出版　2006
関本英太郎『人文社会情報科学入門』東北大学出版会　2009
【関連サイト】
大谷大学文学部人文情報学科（公式サイト）　http://www.otani.ac.jp/bungakubu/jinbun/index.html
　　同　（オリジナルサイト）　http://www3.otani.ac.jp/hi/
一般財団法人　人文情報学研究所　https://www.dhii.jp/

編著者紹介

編　者

武田 和哉（たけだ かずや）大谷大学文学部人文情報学科 准教授

酒井 恵光（さかい えこう）　大谷大学文学部人文情報学科 准教授

著　者（五十音順）

池田 佳和（いけだ よしかず）前 大谷大学文学部人文情報学科 教授
　　　　　　◆第 6 節執筆

上田 敏樹（うえだ としき）大谷大学文学部人文情報学科 准教授
　　　　　　◆第 15・16 節執筆

酒井 恵光（上掲）◆第 1・7・8・11 節執筆

柴田 みゆき（しばた みゆき）大谷大学文学部人文情報学科 教授
　　　　　　◆第 12 節執筆

高橋　真（たかはし まこと）大谷大学文学部人文情報学科 専任講師
　　　　　　◆第 3 節執筆

武田 和哉（上掲）◆第 2・4・9・14・17 節執筆

福田 洋一（ふくだ よういち）大谷大学文学部人文情報学科 教授
　　　　　　◆第 13 節執筆

三宅 伸一郎（みやけ しんいちろう）大谷大学文学部人文情報学科 教授
　　　　　　◆第 10 節執筆

山本 貴子（やまもと たかこ）大谷大学文学部人文情報学科 教授
　　　　　　◆第 5 節執筆

人文情報学概論 － 情報化時代の人間社会を考える －

編　者	武田　和哉・酒井　恵光
著　者	武田　和哉・酒井　恵光・上田　敏樹・池田　佳和・福田　洋一
	・山本　貴子・柴田　みゆき・三宅　伸一郎・高橋　真
印刷日	平成 31（2019）年 2 月 1 日
発行日	平成 31（2019）年 2 月 9 日
印　刷	株式会社中西印刷　京都市上京区下立売小川西大路町 146
	TEL075-441-3157
発　行	松香堂書店　京都府京都市上京区下立売通小川東入ル
	TEL075-441-3157

9784879747341

1921055026007

ISBN978-4-87974-734-1 C1055 ￥2600E

SHOUKADOH
KYOTO